GRAPPA BOOK

北イタリアの伝統ワイン文化が生んだ
スピリッツ "グラッパ"

著者 林 茂

たる出版

目　次

まえがき

私がイタリアで最初に飲んだグラッパは、"何とも強い酒"という印象だった。

日本で知られるヨーロッパのアルコール度数の高い酒といえば、ウイスキーかブランデーが主だっただけにイタリア独自の酒、グラッパはあまりにあら削りで強烈だった。しかも常温、ストレートで飲む。食事の後でなければ胃に穴が空くと思ったほどだ。

しかしこの強烈な酒について、イタリア各地のワイナリーやグラッパの蒸留所を訪問しているうちに興味がわいてきた。

北イタリアの田舎に行けば、その存在感はさらに増す。それに、大量の食べ物を胃に流し込んだ後には、なるほど、消化剤としてのグラッパが必要になった。

いつしか私にとってグラッパが"強い酒"から"食事の最後の〆の酒"に変化するまでそれほどの時間を要さなかった。それと、"気取らずだれもが楽しめる酒"という極当たり前の表現がしっくりいった。

日本に帰国して久しいが、イタリア料理店に行けばもちろんグラッパを飲む。しかし、イタリアに居た時のようなほっとする、あの"なじんだ感じ"がない。

日本ではあまり知られていないグラッパだが、実は以前から、いつかイタリア独自の酒、グラッパの本を書いてみたいと思っていた。グラッパを飲むと、それを造るイタリア人の人を引きつける不思議な力が伝わってくるからだ。

今回、この本の出版に当たり、背中を押して頂いた出版社の方々に深く感謝を申しあげたい。

推薦の言葉：日高良実（リストランテ アクアパッツァ）

日本でもグラッパを飲んだことがあったが、本当の意味でのグラッパとの出会いはイタリアだった。1986年にイタリア料理の真髄に触れたいと考え、イタリアへ向かった。イタリア北東部のフリウリ＝ヴェネツィア・ジューリア州から、西南の地中海に位置するシチリア州まで、各地でイタリア料理を学んだ。修行の身だから、朝早くから夜遅くまで貪欲に料理に励んだ。

寒い冬には、カフェなどでコーヒーにグラッパを入れて飲む人々をよく見かけたし、私も同じようにグラッパを楽しんだ。その時は、グラッパは蒸溜酒というくらいの認識しかなかった。ある時、働いていた店の閉店後に、シェフが年代物のグラッパを味見させてくれた。今まで飲んで知っていた透明なグラッパとは異なり、琥珀色のグラッパだった。

「これもグラッパなのか・・・」と、グラスに鼻を近づけると豊かな香りがたち、口に含むと、馥郁（ふくいく）とした香りと豊潤な味わいが広がっていく。その時の驚きを忘れることができない。それ以来、グラッパに興味を持ち、イタリアでいろいろなグラッパを楽しんだ。

グラッパはバラエティに富んでいるが、まだ、日本での知名度が低いと感じている。

飲食に携わる者でも、グラッパの深く広い知識を得ることが難しい。なぜなら、今までグラッパの教本がなかったからだ。

この『グラッパ ブック』でグラッパの奥深さを学び、グラッパの楽しさを知ってほしいと願っている。

序文

イタリア人の食生活について知るには、グラッパは欠かせない。特に北イタリアにおいては重要である。

イタリアは、日本と同様に第二次世界大戦後高度成長を遂げた。1960〜1970年代に人々の生活は大きく変わった。その中で、それ以前の農業国であった時代、人々の食生活において象徴的であったアルコールである飲料グラッパは、その存在感が大きく変わって行った。

貧しい農家にとって、ワインはアリメント（滋養物）でありカロリー源として扱われていた時代、グラッパも同様に欠かせないものだった。これは都市における労働者にとっても同様であったに違いない。

私が14年近く生活したミラノは、北イタリア、ロンバルディア州に位置し、冬には霧が出て湿度が高く、底冷えするところだった。寒い時期にはいつでも食事の最後に当然のごとくグラッパが配られていた。しかし、日本でもウイスキーを水割りにして飲んでいた私にとっては何とも強い酒であった。しかも常温で、ストレートで飲む。ウイスキーとほぼ同様の40〜43度のアルコール度数がある。

私が初めてミラノに赴任した1980年代前半には、世界でミラノファッションが人気を得、さらにはイタリア料理、イタリアワインにも人気が及び、多くの外国人がイタリア人のファッションやライフスタイル、食生活にも興味を持つようになっていた。

しかし、当のイタリア人は、食に関して言えば極めて保守的で、行きつけの店に行けば、自分の好きな料理を自分の好きなように用意してもらう。例えば、スパゲッティのトマトソースを、ニンニク抜きでバジリコを多めに、というふうに。それに合わせるワインも、食後のグラッパもいつものやつだ。一杯多く飲んでも会計はいつもと同じ金額。

では、日本ではどうだろう。ビールで乾杯して、多くの人が食中もビールを飲む。食後の一杯、あるいは2杯は別の店で飲むことが多かった。

イタリアでは、1軒完結型の食事がほとんどだ。だから食後のグラッパは普通に飲む。最近では日本のウイスキーも人気なのだそうだが、ブランデーやウイスキーを飲む人はほとんどいなかった。

私がイタリアで最初に体験したグラッパは、食後酒として普通に飲んだ。ところが、小さなグラスで一口飲むと、喉から胃にかけて、クーッと熱くなる、というか、焼けるような感じだった。しかし、覚えたてのビールと同じで、少し時間が経つとこうした苦味も忘れ、この味わいに慣れてくる。食事の後の時間が長く、つい話し込んで余分に飲んでしまい、飲みすぎてしまうこともあったが、イタリア人との会話に加われていることが嬉しかった。いつしかこの強い酒にも慣れ、食後はもちろんのこと、朝のエスプレソ・コーヒーにも加えて飲むようになった。フルコースの重い食事の後には欠かすことのできない消化剤になっていた。

以前、"イタリア人のライフスタイル"についての本を書きたいと思い、イタリア人の日常に欠かせないBAR（バール）について解説する本を書いたことがるが、ここでは、

あまりグラッパについて書かなかった。それは、グラッパはイタリア人のライフスタイルというよりも、むしろ食事と深く関わり合っていると考えていたからだ。エスプレッソ・コーヒーがベースにあるバールは、イタリア人のライフスタイルをあぶり出すのに良い劇場で、イタリア人はその役者だ。彼らは毎日この劇場に通い、演技をして多くの友達を作り生活を楽しんでいる。お金持ちであろうとなかろうと、誰もが自分なりに楽しむことができる自分の世界がある。

一方、今日のグラッパの主な消費の場は食事の後になる。レストランやトラットリア、あるいは自宅で食後に飲む。いわゆる食後酒の位置付けにある。

しかし、長い間農民や労働者の大切なアルコール飲料であり、隣国との戦争でも大切な役割を果たしてきたグラッパという飲み物に何か品格のようなものを感じる。

もともとグラッパはワインを造る際のブドウの搾りかすを蒸留した、あまり価値を感じさせないものではあるが、イタリア人は長い時間をかけて彼らの食生活の中ではぐくみ、彼らの日常に欠かせないものにしていった。この本では、グラッパの造り方や品質のみならず、こうしたグラッパのイタリア人にとっての価値というものを日本の皆さんに理解していただけるように解説した。

2018年秋、取材でイタリアに同行させて頂いた『たる出版社』の高山社長と意気投合し、イタリアにおいて、庶民の酒として長い間彼らに親しまれてきたグラッパの本を是非作りましょう、ということになった。

私自身、４０年近くの間にワイナリーのみならず、グラッパの生産者を訪問する機会があり、多くのグラッパ生産者を訪問した経験がある。正直、蒸留器の技術革新があったと言われても、蒸留器を見ただけではなかなかわからない。しかし、新鮮な原料を見させてもらい、グラッパの味を決める人の話を聞けば、これらの要素が非常に重要なものであることが分かる。毎年ブドウの出来が違い、ワインの味わいが異なっても、自分の味を持つグラッパの生産者から産出されるグラッパの味わいは変わらないと感じるからだ。

この本を通じて読者の皆さんにイタリア固有の蒸留酒であるグラッパへの理解を深めて頂くとともに、イタリアの食文化に関心を持っていただければ幸いである。

1．Grappa（グラッパ）とは？

イタリアでは古くからさまざまの食後酒が造られてきた。そのほとんどが薬用酒として生まれた。薬用酒として最もよく知られるイタリア独自の酒にAMARO（アマーロ）がある。その数は最盛期に260以上あったといわれる。

AMAROとは、"苦み"を意味するイタリア語で、食後の消化を助けるためにストレートで飲まれるケースが多い。古くからイタリア各地で独自のものが造られてきた。

ベースのアルコールに木の皮や根、ハーヴ類を浸漬させ、これに砂糖を加えて苦みの　バランスを取ったものが多い。あの、カンパリもアマーロの一種と言える。

イタリアにおけるGrappaの起源は、一般的なアマーロよりもさらに古く、15世紀の初頭にさかのぼる。

北イタリアのパドヴァに住む医師、ミケーレ・サヴォナローラが病弱な婦人用の薬用酒として、ブドウの搾りかすを蒸留したアルコールにバラとモウセンゴケを浸漬させた物を造り、ROSOLIO（ロゾーリオ）と名付けた。ロゾーリオとは、モウセンゴケのイタリア語、Rosoli（ロゾリ）に由来するが、この言葉も元々はラテン語で、"露（つゆ）"を意味するロスと、"太陽"を意味するソリスという言葉から付けられた。

当時の女性たちは、この薬用酒を普段から服用していたという。

この薬用酒は、16世紀の中葉、メディチ家のカテリーナ・ディ・メディチが、フランス王、アンリ2世に嫁いだ際フランスに伝え、フランスでも"ロゾーリオ"を造らせた。これが、フランスにおけるリキュールの始まりとなった。

イタリアでは北イタリアを中心にグラッパが飲まれてきた。

ヴェネト州北部にあるバッサーノ・デル・グラッパでは、幾多の戦争時にこのグラッパが活躍した。グラッパは、ワインを造る時に出るブドウの搾りかすを蒸留したもので、アルコール分が高く、寒い地域の人々が体を暖めるために飲んでいた。

また、食後の時間を過ごすうえでアルコール度数の高いこの飲料は人とのコミニケーションの道具としての役割も果たしていた。

ワインを造るときに残るブドウの搾りかすを蒸留した物で、アルコールも最低40度近くとかなりアルコール度数が高い。また、非連続式で蒸留することにより凝縮されたアルコールの中に不純物が残り、これがグラッパの風味として重要になる。

もともとグラッパは北イタリアの寒い地域の人々の大切な滋養物であり、密造されることも多く、有毒なメチルアルコールによる被害も少なくなかった。今日では厳しい法規制のもと、安全なアルコール飲料になっているだけでなく、地域性やテロワールを表現するモスカートなどの単一ブドウ品種のグラッパやサッシカイヤ、バローロ、ブルネッロなどの有名ワインのグラッパも造られるようになり、高級品としての位置も確立されている。

実際のグラッパ造りは、ブドウの搾りかすのみを使う蒸留酒で、一つの芸術ということができる。ブドウの搾りかすに含まれるわずかなアルコール分を蒸留し、このアルコール分を含む蒸気を冷やして不純物を含むアルコールにする。このアルコールを含む液体にどれほどの風味が含まれるか、というのがグラッパの品質になる。正確に蒸留すればするほどアルコールは純粋になるが芳香成分は失われる。
この蒸留液を心地よい味わいのバランスに仕上げるのは、まさに芸術と言っていい。
それには、優れた原料、蒸留器、それと繊細な鼻と舌を持つ感性の優れた技術者が必要になる。

古くはグラッパといえば各種ブドウの搾りかすを一緒に蒸留したグラッパ・ビアンカ、つまり透明で、樽などの熟成のないものが主流だった。近年では、モスカート、トラミネル、マルヴァジア、グレーラなどアロマを含む単一品種のブドウの新鮮な芳香を楽しむグラッパが増えてきた。さらに、リゼルヴァタイプ（蒸留後木樽で熟成されたもの）も多く出回るようになった。この熟成グラッパは、木の色、香り、タンニン、風味が付けられ、より柔らかく滑らかな味わいになる。

食後にゆっくりと楽しむグラッパは、そのフレイヴァーを味わうことのできる、赤ワインのサーヴィス温度、つまり、16〜18℃で楽しみたい。

2. イタリア人にとってのGrappa（グラッパ）

Grappa（グラッパ）は、1970年代までは北イタリアの食後酒だった。元々ブドウの搾りかすを蒸留していることから、ワイン生産者にとっては一種の副産物であり、食後酒で、ほとんどの場合常温で飲まれていた。ピエモンテ、アルト・アディジェ、フリウリなどの北部の地方では、冬の寒さが厳しいことから、エスプレッソにグラッパを加えて飲む、"Caffe Corretto（カフェ・コッレット）"を朝から飲む風習もある。私も、ミラノで朝早く魚市場に行ったときなどはこれを試していた。

冷えた体を温める熱源のような扱いを受けていた。

特に、ヴェネト地方北部の農家では、各人が独自に小型の蒸留器を作って独自にグラッパを造っていた。もちろんこれは違法であるが、役人が来る前にこれを察知し、煙を止めていたという。

1970年代になると、イタリア北部各地において、新しいグラッパ造りが行われるようになった。今日、高級グラッパの生産者として知られるMarolo（マローロ）社のオーナーPaolo氏は、自身が子供の時興味本位にサイロの中をのぞき込んだ時、中にはカビがはえ、悪臭が漂っていたことから、これではよいグラッパはできないと思い、単一ブドウごとに、しかもフレッシュなブドウの搾りかすを蒸留する方法を考え出したという。この方法は多くの蒸留所で採用され、グラッパの品質も画期的に向上した。

当時、飲料の世界的な飲料のライト化、料理のライト傾向も重なり、グラッパも従来の商品よりも軽く、よりソフトな味わいの商品が好まれるようになっていた。

私が初めてイタリアに行ったのは、1982年だったが、当時は南イタリアのレストランに行ってもグラッパは置いていなかった。それが、1980年代のイタリアファッションのブーム、イタリアレストランのブームと続き、レストランでのワインの取り扱いもより洗練されたものになって行った。また、当時のNuova Cucina Italiana（新イタリア料理）の流れ

も見逃せない。南イタリアにおいても北イタリアのファッション化されたレストランをまねた洗練されたレストランが多く出現し、有名ブランドワインのみならず、グラッパも取り扱われるようになった。こうして北イタリアで造られたファッショナブルな瓶に入った高価なグラッパもイタリア全土で飲まれるようになった。しかし、中部、南部では、あまりグラッパの飲み方には慣れておらず、飲みやすいAcquavite di Uva（アクアヴィーテ・ディ・ウーヴァ）なども含め、グラッパを冷やして飲むようになった。この飲み方が、あまりアルコールには強くない日本人に合ったことは言うまでもない。

また、1970年代の単一ブドウから造られるグラッパのブームから、これらのグラッパは高級品として扱われるようになり、ヴェネツィアングラスのボトルや独自の瓶に入ったグラッパが造られるようになり、これらの商品は、クリスマスの贈り物や贈答品として多く使われるようになり、一層プレステージの高いものになって行った。

今日、グラッパは日本においてもイタリアレストランで飲まれるようになり、特に有名ワインの搾りかすから造られ、その名前が刻まれるグラッパは多くのイタリアレストランにおかれている。

イタリア人の伝統と文化の中のグラッパ

イタリア人の間でグラッパが注目されるようになるのは、19世紀後半から20世紀初頭にかけてグラッパが工業化されるようになってからである。

グラッパは一般庶民の間で消費されながらもその存在は目立たず、また広告塔となるべき人もいなかった。しかし、グラッパを高く評価する人や愛好家がいなかったわけではない。

グラッパには3つの社会的および歴史的な位置付けがあった。日常の酒としてのグラッパ、不法蒸留酒としてのグラッパ、戦時中のグラッパである。

多くの文筆家がグラッパににについて興味深い記述を残している。これを見ると、いかにグラッパが人々の間に浸透していたかが分かる。彼らは、常に心にペンを持って、謙虚で威厳のある、時には劇的で英雄的な物語として、グラッパがどういうものであったかを忠実に伝えてきた。まず、リッカルド・バッケッリによる貴族の文学的な引用から始めてみよう。

「飲みなさい」、スニーザは言った。私にも一口残して。家に蒸留器を持つ農民が私にグラッパをくれた。蒸留器で蒸留しただけで熟成させていないシンプルな密造グラッパだが、本当にすばらしいものだ。ドライで、ダイヤモンドのように透明感のあるグラッパだ。芳醇なヴィナッチャ（ブドウの搾りかす）の味わいが舌を刺激し、喉に優雅な衝撃を与える蒸留酒である。

リッカルド・バッケッリ：*Il mulino del Po*（ポーの水車小屋）

北イタリアではグラッパにまつわる話が多くある。いかに庶民の生活に密着していたかが分かる。

グラッパは、ヴェネト地方の農民を中心に一般庶民に人気の愛された飲み物だった。アルコールが強くてやや刺激の強い飲み物であったが、農民にとっては一つの支えであり、薬であり、わずかに利益を生む商品ともなったが、かけがえのない仲間でもあった。

ヴェネト人にとって、グラッパは古くからの友であり、彼らの日常の一部であり、密造してもあまり罪悪感をもっていなかった。そして何十年もの間、納屋の牛の湿った暑さで暖められていたベンチに座って行われたかつての「グラッパパーティー」は、時に煙を見つけて駆け付ける役人とのいたちごっこであった。彼らは役人が来るという知らせがあると、あわてて蒸留釜の火を消して煙を出さないようにしていたからだ。

アルコール度は高く、魅惑的なヴィナッチャ（ブドウの搾りかす）の香りのするグラッパで終わらないランチはなかった。コニャックやブランデーほど国際的ではないが、この地方で造られたグラッパを特定することは難しくない。グラッパは、自分たちの仲間であり、我々とその友人のためにいつでもテーブルに置かれている飲み物だ。

トゥッリオ・デ・ローザ：*Andar per vini*（ワインに行く）

トリノプレス（Stampa di Torino）の風刺記事で、記者はヴェネト地方の小さなコミュニティに対するグラッパの影響力について詳しく述べている。そのほとんどは家庭内の事件だが、グラッパを飲みすぎると不倫が増えるなど、庶民の日常生活におけるグラッパと昔からの格言をいくつか引用してみよう。

— 悪いグラッパはオステリアの客を逃がす
— グラッパを飲むヴェネト人はヴェネト人が見る星より多い
— ヴィーノ・サントは教会にあり、美味しいグラッパは司祭の家にある
— 新しいポレンタ、海岸から見える島、密造グラッパは人を元気づける
そして締めくくりに、
— ヴェネト人は金食い虫だったが、ことわざとグラッパを残した

薬としてのグラッパ

薬としてのグラッパについても語られているので、いくつか紹介してみよう。
山の中でグラッパについて話すことは、鏡で自分に見入り、自分自身の一部に何か温かさ

を感じているような、昔愛したものを再発見するようなものである。特に農家の台所、煙が匂う場所には、常に小さなドアのあるキャビネットがあり、その中においてあるエリキシル（芳香性のあるリキュール）が、旅人のその日の疲れを癒してくれていた。

この蒸留酒は長い間医療用として使われる治療薬だった。これがそれまでの経験から、ペスト対処用に使われたのだったが、蒸留酒ベースの薬は他にもたくさんあった。

第一次世界大戦は長く、疲労を招き、飢餓さえももたらした。多くの人が戦争によって衰弱していなかったとしても、戦争を終えて身体的に衰弱していたのだ。本当のわざわいが人々に降りかかったのは、「スペイン風邪」である。大量の死を引き起こし、どの家族にも悲しみがあった。この荒廃後、グラッパは救済者として現れ、オーストリアの医師はこれを薬として使用した。その量はさまざまだったが、患者にグラッパを飲ませた。しばしば500cc近く。その後ベッドに入り厚い毛布で包んだ。しばらくして、グラッパはその効果を発揮し、病気のウイルスのほとんどを人体から追い出す、強力な作用を引き起こした。後にこの治療法は、これを経験した老人によって証言されている。しかし、時には亡くなる人もいた。乱暴な方法だったが、医学的見地から興味深いものであったようだ。

ペストと「スペイン風邪」は、グラッパが直面しなければならない最も深刻な病気だった。グラッパは民間療法では、非常に多様な用途があった。

ウンベルト・ラッファエッリ：La Grappa in Casa（家でのグラッパ）

過去にグラッパが薬用だったとしたら、今日はなおさらである。昔、イタリア北部の特定の地域においてグラッパは、「関節炎」にも使用されていた。痛みを和らげると言われ、関節の疲れを取ったといわれる。グラッパには別に消化特性もあった。食べ過ぎたときに胃を軽くする働きがるという。また、げっぷが胃をきれいにし、食欲を促進させることもあったという。古くは、結婚式の宴会が3日間、5日間、そして8日間続くこともあったが、グラッパは万能薬であった。現在においても、イースターやクリスマスなど、料理を大量に食べる機会は多い。

ジャンニ・ボナチーナ：L'Italia della grappa（グラッパのイタリア）

グラッパの密造

税務当局（国家）と農民の間において密造グラッパは長いあいだ争われてきた。厳しい管理下に置かれた密造グラッパの蒸留器は、茂みの真ん中や家の最も隠された隅に塹壕のように作られており、あちらこちらに点在していた。

ストラーダ・デッラ・グラッパ（グラッパ・ロード）は、しばしば未踏の地を通り抜ける。ローマのナヴォーナ広場にあるベルニーニのナイル川のように、出所はベールに覆われていた。道は丘を越え、川を渡り、深い森の間を抜け、時に道は消され、行きつくことのできない秘密の地、たとえ税の監視人が頻繁に訪れたとしても、一筋の煙を発見したとしても、蒸留の煙であることを明らかにすることはできない。監視人がその煙の出所に来て、わずかに残された焦げた枯れ枝、足跡を見つけることができても何の証拠にもならない。雨が降れば、地面に残された跡はなくなり、堆肥や遠くの集落から発せられトウモロコシの焦げたにおいが漂うと、誰もグラッパの蒸留の煙には気付かず、その匂いが数日前からのグラッパの匂いだったとしても絶対にその香を特定することができない。

ウーゴ・マルテガーニ：*La grappa nella storia e nel costume italiano*
（*イタリアの歴史と風習におけるグラッパ*）

密造グラッパを造る器具は、木製の蓋が付いた銅製の大釜で、粘土の土台で作られている。ラセン管は、たらいの水に浸される。蒸留液は、通常少し濁っており、アルコール度が高く、木製の入れ物に保管され、紐で結んだボトルまたは重めのボトルに入れられる。また、ダミジャーノ（コモ被りの大瓶）も使用する。保管場所は秘密の場所である。

しかし、なぜ秘密に蒸留するのか？

よくできたブドウによって造られるワインは生活の糧になる。しかし、ワインだけでは生活できない。それ以外にも売上が必要なのである。ワインだけの売上では商売が成り立たず、ブドウの収穫が芳しくない時には、ヴィナッチャ（ブドウの搾りかす）の蒸留によって造るグラッパによって売上を補わなければならなかった。

必要性によって才能は研ぎ澄まされた。グラッパは、我々が生活していく上で必要不可欠

なものになっていた。ヴィナッチャ（ブドウの搾りかす）の非合法な蒸留によって、家族のやせ細った財力を増やし、最低限の生活を保とうという危険な仕事である。これは、ブドウ作りの厳しい規定への明らかな挑戦を意味した。トレントに近いチェンブラ渓谷の村で造られるワインは少量で、国の収益に寄与することはほとんどなかった。ブドウの木が与えた恵み、自然と努力が生み出した贈り物であるワインだけでは不十分だった。蒸留酒という別の恵みに頼る必要があった。それは大きな危険を伴ったが何かをもたらした。そして、「蒸留しながら生きる」というドラマチックな物語が生まれた。

ルイジ・メナパーチェ：*Storia drammatica della grappa*
（グラッパのドラマチックな歴史）

税務当局に逆らって「密造グラッパ」の販売は、かなり多く、常に巧妙で、しばしば大胆で英雄的でさえあった。密造に関わる若い男たちに加えて、女性の積極的な参加も重要であった。密造グラッパを運ぶために、女たちは小さなワイン用革袋を用意し、次に「はらまき」を使用した。グラッパで満たされた豚の腸から作られた入れ物を腹にうまく固定することで、妊娠しているように見せかけ、周囲からの優しさと敬意を喚起した。15から20リットルのグラッパまで隠せる二重構造だった。これは全く意表を突く方法で、この地方の女が、トレント-マレ間の「ヴァカ・ノネーザ（鉄道）」の終点であるチェンタ広場から、ガルツェッティ広場まで行ったとき、何と、この密造グラッパの運搬を警察官が手伝ったのだ。

アドリアーノ・モレッリ：*C'era una volta il contrabbando*（密造があった時代）

グラッパと戦争

　グラッパは、第一次世界大戦中、塹壕で戦いに直面した前線アルプス軍の寒さと恐れからの助けとなった。それは劇的で栄光とともに忘れられない時間だった。
　グラッパは、その他オルティガラ、グラッパ、カルスト戦の歴史に残るすべての場所での何千人もの若者を死から救った。20代で最前線の塹壕を死守し、生き残ってフリウリのエノテカ（ワイン商）になった男の話を聞くと、戦争中グラッパがいかに有用であったか、寒さや恐怖から逃れるためにいかに貴重なものであったかが分かる。

ジャンニ・ボナチーナ："L' Italia della grappa"（グラッパのイタリア）

　イギリスの船では、船員にラム酒を配給し、イタリアのアルプス軍にはグラッパが配給された。彼らはそのことをよく覚えている。
　星々が青ざめるにつれて、塹壕は目覚めた。残りわずか数分だった。そして、食糧補給兵は到着するとすぐに、すぐに去りたいがために、温かい食べ物をすぐに降ろした。食糧と

一緒に、50人の兵士に戦いに勇気を与える10リットルのグラッパを渡した。

マリオ・シルヴェストリ：*"Isonzo 1917"*

アルプス歩兵隊の隊長はこう言った。「理解できない悲劇の渦の中に投げ込まれた男達にとって、グラッパの一口は、家の香り、優しい家族の記憶、国に残された友人の愛情深い記憶、そして帰国の希望を与えた。」それはグラッパが受けた愛情の最も感動的な一言であり、厳しい軍事生活において、「気付け薬」の役目をはるかに超えていた。

グラッパは、ラバのように祖先を誇らず、後世の希望もない。歩兵はラバが山道を行くようにジグザグに進む。彼は、疲れていればラバにすがりつき、撃たれたら身を守り、太陽が暑ければその下で眠る。ラバが答えると、ラバに話し慰めてもらうことができる。そして、彼が本当に死ぬことを決めたなら、ラバは彼に微笑みかける。

— 水は冷たい方へ、グラッパはアルプス軍に向かう。
— グラッパのある所には必ずアルプス軍がいる。

アルプス軍でグラッパを飲まなかった兵士が良いと真剣に考えている人がいる。しかし、アルプス軍とグラッパは歴史を作ったのだ。そして、第二次世界大戦、1942年に捕虜となったヴィンチェンツォ・ボナッシージの感動的な記憶についても簡単に触れよう。彼は、彼の仲間の兵士たちが密かに造ったグラッパを獄中で数杯飲んだのだ。

「我々は囚人だった。グラッパは私たちが酔っぱらうまでには役に立たなかった。しかし、グラッパは、我々全員にイタリアの自分たちの家のことを思い起させてくれた。遠くに来て辛い思いをしていても、イロリを囲む家族の記憶を、そして、さらなる遠い記憶を蘇らせてくれた。」

ヴィンチェンツォ・ボナッシージ：*La grappa nel costume e nella cucina Italiana*

(風習、およびイタリア料理の中のグラッパ)

グラッパの首都

平地の農家や山小屋、居酒屋、秘密の渓谷のどこでも造られるグラッパは、独自の首都を見つけることができた。この地ではグラッパに特別な高貴さが与えられ、高額のお金が保証された。マルテガーニが著書の中で「グラッパの首都」と定義するバッサーノ・デル・グラッパは、今日でも美しい屋根付き橋を渡る人々に、大戦の古いの思い出と、にぎやかなグラッパの店を楽しませてくれる。いつか訪れてみたい場所だ。

蒸留酒であるグラッパは、バッサーノの街にたっぷりと流れる。それはブレンタ川の次に、この町に大量に存在する液体である。そして、時々堤防を壊して地下に侵入する川とは異なり、汲みだされるのを待つ樽に入れて保存することができる。彼らは皆、おおよそ15歳から、老若男女を問わずこの蒸留酒を飲むが、女性はそれを少量のミントと混ぜたり、ストレートで飲んだりする。たいがいは正式なグラッパだが、ラベルのない容器のこともある。しかし、ヴェネト地方の現代女性に敬意を表して言うならば、彼女たちは古くから自分たちの役割を理解していた。居酒屋で飲んだくれて家に帰る男たちに対しても寛大で

あった。戦時中彼女たちは、前線に何度も補給品を送っていた。そして、その中に弾薬とともにグラッパのボトルを入れることを決して忘れなかった。

ウーゴ・マルテガーニ："La grappa nella storia e nel costume italiano"
（イタリアの歴史と風習の中のグラッパ）

最後に、パオロ・モネッリの「グラッパの賞賛」である。彼の言葉は古典的で洗練されたスタイルで表現され、質素な飲み物であるグラッパと重い陶製の器とはほとんど対照的である。グラッパは何百万もの崇拝者の賛美歌によって支えられ、イタリアのアルコール類の中で最も純粋で愛されている。

「グラッパは、その強いアルコール度にもかかわらず、決められた通りに造られると、コニャックやウィスキーよりもはるかに優れた保存性を備える。そして潔く、女性とのライバル関係を生まない。その純粋さが美徳であり、その冷たさが熱意を生み出し、それが官能的な欲求を弱め、澄んだ安静の中で心を落ち着かせる。それは英雄的、戦士的であり、冒険に導くが、愛の贅沢には招待しない。

美しい娘を持つものは、求婚者たちのために、この毒蛇の石のような熱を冷まさせるフィルターを家に大量に置いておくことを勧める。純粋で何もまとわず、何も足さない、甘い言葉も投げかけない太陽の氷で瓶詰めされた飲み物。パーフェクトだ。」

パオロ・モネッリ："Il vero bevitore"（本物の酒呑み）

（グラッパの聖地：バッサーノ・デル・グラッパ）

3. 私にとっての Grappa（グラッパ）

私が初めてイタリアに行ったのは1982年、まだ20代後半の若僧であった。当時ミラノにあった日本料理店の支配人として赴任した。日本料理のことをあまり知らず、イタリアの事情も分からなかったことから、何でも体験してみようと思い、若い料理人たちが行く早朝の魚市場に一緒に連れて行ってもらった。

ミラノの中央駅の裏手に位置する魚市場は、内容が良く、イタリアを代表する魚市場で人気があった。市場の筋向いに会社が用意していた従業員寮があった。そこで、市場に行く前日遅くまで若い料理人たちと飲み、寮に泊まって翌朝早く魚市場に行くことにした。これが寒い季節で、開場前、市場併設のBARは人だかり。夜遅くまで飲んでいたので食べ物は入らないし、寒い。多くの人が注文しているのは、"Caffe Corretto（カフェ・コッレット)"、エスプレッソコーヒーにグラッパを加えた飲み物だ。これを、開場を待つ間に飲む。目が覚めるだけではなく体が温まる。こうして、ミラノの魚市場でグラッパの洗礼を受けた私は、食事の後にもこの飲み方を試すようになった。

赴任して2年目ぐらいの時だったと思う。当時日本ではホワイトスピリッツがブームで、担当部署からイタリアからも何か新しいホワイトスピリッツを輸入したいという問い合わせがあり、早速ミラノにあるエノテカ（ワイン商）を何件か回り、良さそうなグラッパを見本として7～8本日本に送った。後日、日本から分析した結果、ピエモンテ州のアルバにあるMarolo社のグラッパが良い、という連絡がきた。早速車でMarolo社を訪問することになったが、このグラッパを造っていたのは、何と当時アルバの農学校の教師をしていた、Paolo Marolo（パオロ・マローロ）氏だった。最初は学校で教えるかたわら趣味でグラッパを造っていたという。自宅の一階にある納屋のようなところに小さな蒸留器がぽつんと置いてあった。話をすると、彼の造るグラッパは人気を得てきており、隣の土地に新しい工場を建てるという。それなら日本に輸出することも可能だろうということで、日本の担当部署に連絡し、直接取引の話をしてもらった。

当時は私のイタリア語もまだまだで、蒸留施設を見せてもらっても説明の内容が難しく、さっぱりわからなかった。しかし、良いグラッパを造るには、良い原料と蒸留器、そして味の分かる人が大切であることは分かった。

1990年、2度目にミラノに赴任した時は駐在員事務所の所長としての赴任だった。一人駐在であったことから、イタリア料理店に行く機会も多かった。行き付けのレストランのオーナーと仲良くなると、食事の終わりにテーブルに何本ものグラッパを運んできてどれがいいかと聞く。面白そうなボトルを指すと、そのボトルをテーブルに置き、帰るまで置きっぱなしだ。

そんなことで、行き付けの店に行くと毎回酔っぱらって帰った。

イタリアの食品の輸入の仕事に携わっていた時期、頻繁に南イタリアのサレルノや少し内陸のエボリという小さな町に行っていた。取引していたパスタとトマトの会社があったからだ。一度の出張で必ず3～4日滞在していたので、生産者側も気を使って一度はそれなりの高級レストランに我々を連れていってくれた。サレルノの海岸沿いにモダンで立派なレストランがあった。地元の名士やビジネス客でにぎわっていた。1980年代の中頃、世界中でミラノファッションがヒットし、イタリアでもファッショナブルなレストランが流行し、南イタリアにも北イタリア風のサーヴィスをする店が増えていた。この店にもグ

ラッパが数種類おいてあった。北で見かける高級グラッパだ。このグラッパを食後にオーダーすると、何とウォッカのように冷蔵庫から冷えたボトルを出してきた。さらに、大き目のグラスに氷を入れるかと聞く。こちらも了解してこの飲み方を試してみた。冷えていると飲みやすく、暑い地方での飲み方という気がした。しかしながら、本来のえぐみや味わいが薄れてしまう。本来の飲み方でなければ、しっかり造っているグラッパの生産者に申し訳ない、と思い店のオーナーを呼びこう言った。「僭越ながら、私はミラノから来た。以前レストランをやっていたので、グラッパは、小さなグラスで常温で飲む方が個性が出て良い。ミラノではこういう飲み方をしている。」と話した。そして、私が見て知っているMarolo社のグラッパの話をした。しばらくしてこの店に行くと、すぐにオーナーが私に近づいてきて、今日は自分がおごるからこのグラッパを飲んで行ってくれと言って、Marolo社のグラッパを我々のテーブルに置いて行った。食事の後、店に連れてきてくれたトマトの会社の社長と一緒にこのグラッパを飲むと、この社長もMarolo社のグラッパを気に入ってしまい、以後この店に行くと必ずこのグラッパを飲んでいた。このころはまだ、イタリアの北と南とでは食習慣が違っていたことを思い出す。

もう一つミラノで教わったグラッパの飲み方がある。飲み方というよりも、酒呑みの言い訳といった方がいいかもしれない。食事が終わりデザートを食べ、コーヒーを飲んだ後に何となく物足りない。そこで飲み終わったコーヒーカップにグラッパを注いでもらい、ゆっくり回してエスプレッソの香りを楽しみながら飲む。これを"レゼンティン"と言う。つまり汚れたコーヒーカップをきれいにしましたよ、ということらしい。いかにもイタリア人らしい飲み方だと思った。

2度目のイタリア赴任では、ウイスキーの販売も行っていた。山崎、響、それにアイレイ島のボウモアとメロンリキュール・ミドリの販売だ。イタリアの輸入代理店セールスに同行して、BARやレストランを6年以上訪問した。もちろん、エノテカ（ワイン商）は重要な顧客であり、各地の中心都市にある有名エノテカは必須の訪問先になっていた。クリスマスシーズンが近づくと、店のウィンドウには豪華にデザインされた各種グラッパが並び、通行人の目を引く。これらの高級グラッパが贈答品として多く使われていたからだ。

特にグラッパは、北イタリアにおいては地酒として人々に愛着を持たれていた。だから、デザインボトルは贈り物には最適だ。ヴェネツィアングラスの瓶に入ったグラッパに人気が集まり、日本製のウイスキーなど全く相手にしてもらえなかった。今では、日本製ウイスキーは品切れするほど人気があるが、当時は試飲して気に入ってもらっても〝これはコメから造ったものか〟と言われるほどだった。

日本に帰国して久しいが、クリスマス前にイタリアから送られてくる嬉しいプレゼントに「グラッパ入りパネットーネ」がある。もともとパネットーネは、その作り方から、保存料を入れない通常のものでも3～4か月は常温でもつ。このパネットーネの生地にグラッパを加えて焼いた「グラッパ入りパネットーネ」がイタリアから送られてくる。もちろん、グラッパの香りもするし、味も残っている。このパネットーネが素晴らしいのは、数か月たっても生地が柔らかくしっとりとしていて、味わいが失われていないことだ。私の飲み仲間の間では、クリスマスにはこのパネットーネが欠かせないものになっている。

4. Grappa（グラッパ）の歴史

蒸留の技術は、おそらく、紀元前8世紀から6世紀の間のメソポタミアが起源であろうとされる。紀元前4世紀にエジプト人がキリスト生誕の400年前に蒸留用の器具と方法を知っていたと書かれた資料が残されている。アラブ人は、エジプトを征服した時、蒸留の技術が紀元前7世紀、既にエジプトにあったことを知った。アルコールの蒸気を灰や生石灰に通すことで濃縮できる、という蒸留方法について記述している。

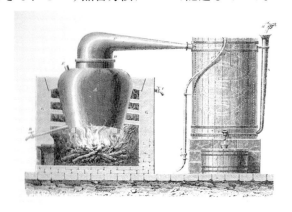

中世には、ブドウの搾りかすを原料とする蒸留方法はイタリアで普及し、長い間、薬用のみに使用され、蒸留酒として庶民が飲み始めたのは16世紀の事だ。

蒸留酒造りに関する最初の論文は、パドヴァの医師で修道士でもあった、ミケーレ・サボナローラによって"De arte confectionis acquac vitae（アクアヴィーテを造る技術）"に記されている。ここでは、15世紀にイタリアで使われていた3種類の蒸留酒について説明している。①、シンプルな蒸留酒、②、一般的な蒸留酒、③、クインテッセンツァ（5回の蒸留によって得られた純度の高い蒸留酒）の3種だ。

ルネッサンス期には、多くの技術者によってその手法が明確になり、また、錬金術も進歩した。17世紀には、ヴェネツィアで"蒸留酒生産者組合"が発足した。これはグラッパが、当時すでにイタリア北西部で広く普及していたことを示している。

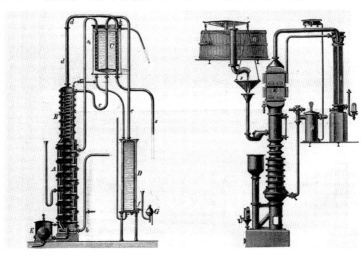

蒸留技術は、学者と研究者のおかげで1800年代の初めの数十年で急速な進歩を遂げた。重要なことは、この時期に古くからの経験にすがりつかず、技術的、科学的な革新が行われたことだ。直火式のシンプルな蒸留器から、蒸気式、湯煎式蒸留器に移り、連続蒸留を含めた高度な複合蒸留が行われるようになった。

19世紀初頭に登場した最初の重要な蒸留器から、パルメニティエ（図1）と呼ばれる直火式から派生したもう1つの単純な蒸留器が生み出された。これは、ヴィナッチャ（ブドウの搾りかす）とワインの蒸留の両方に使用できた。

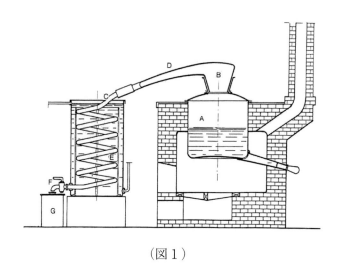

（図1）

この器具を使用して、ヴィナッチャ（ブドウの搾りかす）を蒸留するには、ボイラーの底部に銅製グリルまたは籐製の仕切りを配置し、水を入れ、その3分の1のヴィナッチャ（ブドウの搾りかす）を加えた。このアルコールを含む蒸留液の初留（testa）と後留（coda）が分離され、さらに精留された。精工にできた蒸留器であれば、この非常にシンプルな器具で、今日でも優れたグラッパを造ることができる。この技術は、移動式蒸留器にも使用されていた。

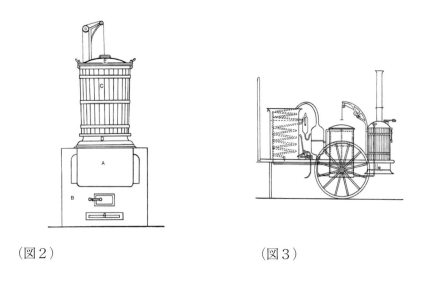

（図2）　　　　　　　　　　　　　（図3）

もう1つの直火式蒸留器にコンボーニ（Comboni）がある（図2-3）。この器具では、水のみが入っている小さなボイラーの上に固定された円錐台のシリンダーにヴィナッチャ（ブドウの搾りかす）が置かれる。2つのコンテナは、穴のあいた底板で区切られ、ヴィナッチャ（ブドウの搾りかす）は銅板によって3つの層に分割され、穴が開けられ、上部の支柱に吊り下げリングが付いている。ボイラーから放出された蒸気はヴィナッチャ（ブドウの搾りかす）の3つの層を通り高濃度のアルコールに濃縮される。アルコールを含む蒸気は上昇し、ヴィナッチャ（ブドウの搾りかす）の3番目の層を通過するときに部分的に冷却される。

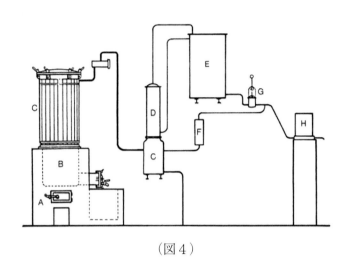

（図4）

Andrea Da Ponteは、コンボーニ（Comboni）の蒸留器にボイラー・シリンダー、冷却柱、および冷却器を追加した。（図4）蒸留器からのアルコールを含む蒸気は、追加したシリンダー内で上昇し、冷却器を通り液化される。Da Ponteの装置から、より多くアルコールを得ることのできる蒸留器が次々に開発された。1801年、フランス、モンペリエのアダムは、同じ原理に基づいてアルコール度の高い蒸気が出る改良された複合蒸留器を発明した。さらに、この蒸気の化学的性質および熱力学的法則に関する研究が急速に進んでいった。

1900年代の初めには、ボイラーを連続的に蒸留して、使用済みのヴィナッチャ（ブドウの搾りかす）を継続的に蒸留することができる連続蒸留器が生まれ、この連続蒸留器もさらなる変化を遂げた。
1900年代半ばになってようやく開発された工業的な蒸留設備より大量のグラッパが生産できるようになった。一方、モスカートやネッビオーロと言った、単一ブドウ品種から造られるグラッパも1970年代まで待たねばならなかった。この頃造られていたのは何種類かのブドウの搾りかすを混合したものを蒸留した透明なグラッパだった。
第二次世界大戦後、イタリアは大きな発展を遂げ、イタリア人のライフスタイルは大きく変わり、豊かで快適な生活を楽しむようになった。

飲食に関する味覚は変化し、それとともに生活やグラッパへの考え方も変わっていった。グラッパは味わって飲まれるようになり、味やアルコール度数を区別せず飲む習慣は徐々になくなっていった。味わって飲まれるようになると、グラッパはより柔らかくなり、より滑らかな味わいに向かい、木樽による長期熟成により洗練されたものも出回り、パッケージも含め高級品の扱いを受けるようになった。

今日、こうした味覚の変化に伴い、グラッパを造るのに不要な不純物を取り除くだけでなく、逆に一部の独自の不純物を保存することも重要になった。技術者は、蒸留液のエチルアルコールだけではなく、濃度、さらにプレートの数、蒸留柱の高さと直径のバランスを計算して検証した。グラッパには、メチルアルコールの含量やアルコール度数など法律上の規定はあるが、味わいのあるグラッパを造るには蒸留後にある種の不純物も必須とされる。極度の精製は、グラッパにブーケを与えるエーテルとエッセンシャルオイルをも排除してしまう。そして、グラッパを生産する各地方のグラッパやそれに使われるブドウ品種の特徴を排除してしまうことになる。

"グラッパ"と"アクアヴィーテ"の語源は？

グラッパについては、15世紀、フリウリ地方で生産されていたことを示す資料があるが、17世紀になって初めてヴィナッチャ（ブドウの搾りかす）の蒸留に言及された。19世紀の終わりになって一般的に使用されるようになった「グラッパ」という言葉は、第一次世界大戦中にその位置を確立し、ヴェネト州北部のモンテ・グラッパはその重要性を証明している。この地で造られるグラッパが、危険と困難に立ち向かうアルプス歩兵隊兵士たちの勇気の源になった。

その語源はまだ不明である。イタリア北部の方言では、「grappolo（房）」からくる単語、「raspo（ブドウの房）」や「graspo（これもブドウの房の意）」とも呼ばれた。だが、グラッパという呼び名は、生産される地方の方言に由来するケースが多い。ピエモンテでは「グランダ（granda）」、ヴェネトでは「ズニャーパ（sgnapa）」、トレンティーノでは「カデヴィーダ（Cadevida）」、ロンバルディアでは「グラーパ（grapa）」、フリウリ地方の方言「ズニャーパ（sgnapa）」または「ズニャーペ（sgnape）」はドイツ語から来ていて、蒸留酒を意味する。エミリア地方の「ブルスカ（brusca）」はヴィナッチャ（ブドウの搾りかす）を意味する。

また、南部のカラブリア地方では「グラッパ（grappa）」はスピリッツを意味し、サルデーニャ島では、「アクアルデンティ・オフィル（aquardenti ofilu）」や「フェッル（ferru）」と呼ばれ、グラッパを生産する各地域によって異なる名前で呼ばれた。このようにグラッパはイタリア各地で異なる名前で呼ばれてはいるが、地球上における他の蒸留酒との類似点を見つけられないユニークな製品であることは確かである。

「acquavite」という言葉は、ラテン語の「acqua vitae（命の水）」、すなわち、生命を与える水に由来するが、中世に確認された別の由来もまた興味深いものだ。これによると、この言葉は「acqua vitis」を意味し、この「vitis」は蒸留器の冷却コイルのラセン状の形状を意味する。

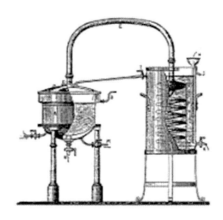

実際、イタリアの法律では、グラッパ（grappa）という言葉はヴィナッチャ（ブドウの搾りかす）を蒸留した蒸留酒のみに使用できるものだ。また、「acquavite di vinaccia（ブドウの搾りかすの蒸留酒）、「distillato di vinaccia（ブドウの搾りかすの蒸留酒）」と呼ばれる製品もあるが、グラッパとは別の製品になる。したがって、グラッパという名称は、イタリアで造られたブドウの搾りかすから造られた蒸留酒のみを指す。

グラッパは、貧しい人々の地酒という位置付けにあり、かつては、朝早く一日の仕事を始めるアルプスの歩兵隊や農夫の友であった。また、寒さや眠気を吹き飛ばす猟師のための酒というイメージがあった。

密造されるグラッパは、その多くがオステリアでふるまわれていたが、それを国の監査官が摘発しなければならなかった。しかし、グラッパは農業を営む人々の魂に根付いていた。そして、この「貧しい」イメージの為に、むしろ他の飲料とは違い、仲間意識を起こさせる蒸留酒で、他の蒸留酒やより洗練されていると考えられている海外の蒸留酒と同様に扱われなかった。このような一連の理由から、グラッパは、イメージの刷新を目的としたマーケティング活動が行われ、そのフルーティな香り、新鮮さ、エレガントさ、繊細さが際立つ製品が開発された。

5. Grappa（グラッパ）の規定

グラッパに関する規定は、1951年に制定され、その後数回改正されている。主な規定は次の通りである。

グラッパIG（Indicazione Geografica＝地理的表示）テクニカルシート

1. グラッパIG　アルコール飲料

　　IG　アルコール飲料 ― ブドウの搾りかすの蒸留酒

　　グラッパとは、イタリアで収穫、醸造されたブドウの搾りかすをイタリアで蒸留したもの。

2. アルコール飲料

　　　a) 物理的、化学的、または官能的特徴：

　　　　　・メチルアルコール（メタノール）含有量アルコール100％の1,000g/hl以下。

　　　　　・アルコール度37.5％以上

　　　b) グラッパに関する属性：

　　　　　・透明で輝きがある液体であること。

　　　　　・無色透明、または植物や果実によるもの、場合によっては香り付けによるもの、または木樽熟成による琥珀色；香りなど。

　　　　　・糖度（転化糖として表される）；最大20g/l

　　　　　エチルアルコール、メチルアルコール以外の揮発性物質はアルコール100％の140g/hl以下。

　　　c) 産地域：イタリア国内

　　　d) アルコール飲料の生産方法：

　　　　　グラッパ製造のすべての工程はイタリア国内にて行われること。

　　　　　ブドウの搾りかすの蒸留はグラッパ製造の最初の工程である。発酵済み、または発酵させたブドウの搾りかすの蒸留は、水蒸気（湯煎）によって直接行われるか、蒸留器にブドウの搾りかすと共に水を加えたのちに行われる。蒸留プラントは、連続式または非連続式にすることができ、それらは通常、1つ以上の蒸留器または連続式蒸留器で蒸留され、その後に蒸留塔でアルコールを分離し、凝縮したアルコール蒸気を得るために冷却する。グラッパの蒸留には、ブドウの搾りかす100kgあたり25kgまでのワイン製造上で生まれる自然のアルコールを含んだ澱を使用することができる。澱由来のアルコール分は、完成品アルコール分の35％以下であること。ワインの製造上で生まれる自然の搾りかすは、蒸留前に加えるか、または、ブドウの搾りかすとワイン製造上で生まれる自然な液状澱を平行して蒸留を行い、この2種またはアルコール蒸気の蒸留を行う。

　　　　　またはブドウの搾りかすとワインの自然液状澱の蒸留を行い、直接この2種の蒸留を行う。この作業は、同じ蒸留所で行われなければならない。発酵済

み、または半発酵のブドウの搾りかすの蒸留は、連続式、または非連続式の蒸留器で少なくとも86％まで行われなければならない。この制限内で得られた製品の再蒸留を行ってもよい。承認された登録会社によって、この規定にのっとり納入されたブドウの搾りかす及びワインの自然液状澱の量のアルコール濃度は開始時に毎日報告され、蒸留されたもののアルコール度数も報告を要する。

　蒸留、再蒸留の準備段階においても、溶解、または非溶解エチルアルコールを添加してはならない。

　このようにして得られた蒸留液は、まだ市場に直接販売するのに十分ではないため、グラッパ生産者のさらなる独自の伝統に基づく生産工程を経て、商品として販売されなくてはならない。

　水で希釈することによるアルコール度の低減により、最終的なアルコール度が決まる。この工程では、複雑なアロマとアルコールのバランスをとるための工程であり、この工程を経ることによって、市場に出すことのできるグラッパが生まれる。
リットルあたり最大20グラムの砂糖の添加が許されている。

　また、伝統的に使われている芳香植物またはそれらの部分、および果物またはそれらの一部分の添加は可能。グラッパの製造においては、このテクニカルデータシートで認められているもの以外の香味付け、およびその他の成分の添加の禁止されている。

　木樽、ティーノ樽などの塗装あるいはコーティングされていない木製容器での熟成が認められている。その際、税務監督下にあるイタリア国内にある熟成庫で12か月以上熟成されていなければならない。

　また、少なくとも12か月間熟成させたグラッパにのみキャラメルを追加することができる。

　グラッパ生産者による異なるロットのグラッパのブレンドが認められている。

　上記の規定にのっとり、長い年月を経てイタリアにおいて職人的手法で構築された伝統的なプロセスを経たのもののみグラッパIGの名称を名乗ることができる。

e）地理的環境または地理的起源について

　グラッパの生産については、歴史的にみて多くの書物に記載されているように、古くから直接蒸留によって行われ、原産地と密接に関連している。発酵後の新鮮なブドウの搾りかすを得られることが、独自の蒸留システムを発展させた。比較的低い温度の蒸留器にて得られたアルコールの蒸気により、原材料に含まれる芳香成分を維持することができ、グラッパの典型的な官能特性を付与することができる。

原材料についての情報については、取引に関する文書と蒸留所の登録簿から得られる。

　グラッパ造りは、ワイン生産における副産物の蒸留という点でイタリアのワイン生産と深く関わり合っている。

ｆ）　コミュニティおよび/国/または地域の規定に従って遵守される条件。2008年11月の農業、食糧および森林省（MIPAAF）の布告により、とりわけ、コミュニティの規制によって提供される要件よりも厳しい要件がブドウの搾りかすに設定された。

ｇ）地理的表示（IG）およびラベル上の特定の名前に対する追加の用語＜Grappa＞は表示については以下の基準となっている。

a) ブドウ品種名を表示する場合、重さにおいて15％まで他の品種を入れてもよい。

b) 2種類以下のブドウ品種を使用する場合で、これらのブドウ原料の蒸留から得られた場合、ブドウ品種名は、重量の降順でラベルに記載されている必要がある。重量において15％以下のブドウ品種名を記載することはできない。ラベル上のブドウ品種の表示は、同じ書体で書く必要がある。

c) DOC, DOCGおよびIGTワインの製造に使用されたブドウが原材料となっている場合は、その名称や呼称(DOC, DOCG及びIGT)（DOP, IGP）の使用を禁止する。　DOC, DOCGおよびIGTの名称をGrappa IGに使用することは認められない。Reg.110/2008（Grappa Piemontese / Grappa del Piemonte、Grappa Lombarda / Grappa della Lombardia, Grappa Trentina / Grappa del Trentino, Grappa Friulana / Grappa del Friuli, Grappa Veneta / Grappa del Veneto, Sudtiroler Grappa / Grappa dell'Alto Adige, Grappa Sciliana / Grappa di Sicilia, Grappa di Barolo, Grappa di Marsala)）

d) 連続式または非連続式の蒸留器を使用すること。

　ただし、上記のa)、b)、c) に複数当てはまるGrappaの場合は、1つの販売呼称のみを使用する必要がある。

　グラッパの販売名称には、芳香植物またはその一部、および果物またはその一部（使用されている場合）の表示が必要である。プレゼンテーションおよび広告では、木樽、ティーノ、または塗装またはコーティングされていないその他の木製の容器で、税管理の下、12か月以上熟成させたグラッパに対して、＜vecchia＞または＜invecchiata＞という用語の使用が許可されている。また、少なくとも18か月以上熟成させたグラッパに対して、＜riserva＞または＜stravecchia＞という用語と熟成期間を月または年で表示することもできる。

　上記の熟成規定を損なうことなく、消費者に正しい情報を提供するために使用される木製容器のタイプ（たとえば、バリック、カラテッロ、トノーなど）を指定することができる。ただし、該当容器において最低熟成期間の半

分以上を熟成させた場合にのみ、この表示を使用できる。

h）申請者の名前及び住所：

農林水産省、ヨーロッパおよび国際政策省、農村開発、Via XX settembre
20-00187 Roma

6．Grappa（グラッパ）の蒸留法

distillazione（蒸留）という言葉は、de（下向きの動き）とstillatio（しずくになって落ちる）の2つの単語が合わさった、ラテン語のdestillatioに由来している。Distillareという言葉は、一般的に、温めることによって液体を蒸発させ、その蒸気を凝縮することを意味する。グラッパを蒸留するということは、熱によって、発酵させたヴィナッチャ（ブドウの搾りかす）のアルコールを含む部分を蒸発させ、冷やすことによってアルコールを含む液体にするということだ。

蒸留に必要な器具はシンプルな形の蒸留器で、ボイラーと蒸留する原料を入れるための銅製のかぼちゃ型の容器で構成され(ボイラーの下には当然熱源がある)；カピテッロ（柱頭）、カッペッロ（頭）、エルモ（かぶと）、ドームとも呼ばれる蓋が、ボイラーの上に溶接され密閉されている。鶴の首のようなカピテッロ（柱頭）とラセン管をつなぎ、ラセン管の冷却曹につなげる。このタイプの蒸留器は、ボイラーの中に原料を入れ、沸騰させると蒸気が発生し、カピテッロ（柱頭）へ上り、蒸留窯の上部を通って低温のラセン管を通り、凝縮される。

ヴィナッチャ（ブドウの搾りかす）のさまざまな成分にはそれぞれ異なる沸点がある。エチルアルコールは78.4℃ですべて蒸留される。蒸留の第一段階「初留（testa）は、エチルアルコールより沸点の低い成分が蒸留され、最も揮発性の高い成分を含む蒸気が発生する。その物質は、とりわけメチルアルコールが含まれる最初の蒸留部分に含まれ、アセトアルデヒドと酢酸エチルは酢のような不快な香りが最終的な製品に与える。したがって、沸点がエチルアルコールと100℃の間の、グラッパの「中心（cuore）」部分が重要になる。この部分からより純粋なアルコール蒸気が出来上がる。最後に、沸点が100℃を超える揮発性の低い物質が油分などの不純物が多くに含まれる「後留（coda）」が得られる。

密造など田舎の小さな蒸留所で使われる手作りのシンプルな蒸留器からは、不純物を多く含むアルコール液が得られる。

1800年代初頭、設備が工業化され、近代化された蒸留器は形が変わり、洗練されたグラッパが造られるようになった。

分別蒸留

アルコール分の低い蒸気を分離して凝縮させることによって、不純物を含みアルコール度の低い液体を分離し、非常に純粋でアルコール度の高い製品にする作業をデフレメーション（分別蒸留）という。

デフレメーション（分別蒸留）は、特別な器具を通すことによって、アルコール度の低い蒸気を凝縮させアルコール度の高い液体にする。ラセン管を冷却水の中を通すことによってアルコールを含む蒸気を凝縮させ、純度とアルコール度の高い液体を得ることができる。

精製

分別蒸留では、高濃度の蒸留液を得ることができ、蒸留すべき液体から水とアルコールのみで構成された純粋に近い蒸留液を得ることができる。しかし実際には、水とアルコールに含まれる他の物質もわずかながら蒸留液に含まれるため、蒸留されたアルコールに不快な臭いや味を与え、消費に適さなくなることもある。

精製とは、純粋な（味の良いアルコール）を得るためにアルコールを精製することで、蒸留によって得られたアルコールに含まれる、フーゼル油（olio di flemma）を分離することを目的とし、複数回蒸留を繰り返すことで取り除く。精製は、特別な器具によって行われる。

分別蒸留と精製は、非常に似た作業である。分別蒸留は、実際、分別蒸留の一部で蒸留によって得られる蒸留酒製造の中間生産物を、より濃縮させ、部分的に純粋なものにするために行われる作業で、これは中間生産物の部分的精製だ。この作業によって、アルコール度80 ～ 85%のスピリッツを得ることが可能になる。

一方、精製は完全な分別蒸留で、何度も繰り返し行い、アルコール分の濃縮のみならず、純粋アルコールの製造の際にも行われる。

新鮮なヴィナッチャ（ブドウの搾りかす）に存在するわずかな不純物が、グラッパの本質

的な特徴を与えるため、新鮮なヴィナッチャ（ブドウの搾りかす）を使用している小さな蒸留所はほとんど精製することはしない。

蒸留所における重要なポイントは、使用する原料の質と、どのタイミングで分別蒸留にするかの選択とその工程をいつ停止するかの決定だ。一方、精製は、法的に市場性のある製品を得るために、大規模蒸留所で使用される「必要悪」と言える。この工程は、特別な場合にのみ行われ（ヴィナッチャの保存が長期間になる場合、または欠陥のある原料を販売可能な製品にする場合）、蒸留酒の質を落とし、個性を失わせる傾向がある。得られる製品は化学的に純粋ではあるが、出来上がったグラッパを評価したり特質化するために不可欠な官能的特徴を完全に欠くことになる。

蒸留方法

蒸留方法は大まかに2つあり、一つは連続式蒸留で、大きな工場で採用され、もう一つは非連続式蒸留で、小さいグラッパメーカーで採用されている。

連続式蒸留では、ヴィナッチャ（ブドウの搾りかす）は、一定の温度の蒸気の流れによって下部から上部に移行する大きな筒状の容器に入れられる。この蒸気は上へあがりながら、アルコールが高くなり、凝縮によりアルコール混合物が出来、特殊な精製柱で精製され、その結果、68〜70%の蒸留アルコールができる。この場合、蒸留は常に同じ条件で行われる。特徴のないスタンダードの製品ができるがあまり個性を持たないグラッパになる。

一方、非連続式蒸留の場合は、上質で新鮮なヴィナッチャ（ブドウの搾りかす）を使用し、断続的な蒸留によって、蒸留物の断続的な分離と抽出が行われる。ヴィナッチャ（ブドウの搾りかす）は、作業の開始から最後まで、温度を上昇させながら加熱される。蒸留は、ボイラーに入れられたアルコール分を含むヴィナッチャ（ブドウの搾りかす）の蒸発によって始まる。これは一般的に "cotta"（蒸留後のヴィナッチャ）と呼ばれるものだ。

この2つの方法では、蒸留の方法が異なることが容易にわかる。連続式蒸留では、グラッパの標準化に適し、得られる製品は特定されないが、グラッパの内容が事前に設定されているため、一定の特徴の製品が造られる。一方、非連続式蒸留は、常に蒸留器の進み方を修正するために継続的な注意が必要である。ボイラーに入れられたヴィナッチャ（ブドウの搾りかす）のタイプと特徴によって、手動スキルが問われる非連続式蒸留では、同じ装置で、同じヴィナッチャ（ブドウの搾りかす）を使用しても異なるグラッパを得ることができる。非連続式蒸留器の特徴は、ゆっくりとした蒸留であることで、沸騰しているアルコールを含む液体をゆっくりと入念に分離することができるため、特徴的なアロマを抽出し、洗練された価値のある蒸留酒を造ることができる。最初のメチルアルコールの部分と最後のフーゼル油（olio di flemma）を慎重に分離することによって、グラッパの蒸留工程の最初と最後の部分を選択して蒸留することができる。そして、中心の最も洗練され、繊細な味わいの部分を得ることが出来る。

一方、連続式では、ゆっくり時間をかけて価値の高いグラッパの蒸留はできないが、非常に速い作業が可能だ。

実際、良いグラッパを造るために最も重要な要素の1つは、蒸留される原料の分別であることを忘れてはならない。毎回の蒸留の最初に、不快なにおいを出す要素を含む初留（testa）は、完全に排除されなければない。次に、蒸留の中心である「良い味の」グラパが蒸留され、最後の後留（coda）は、アルコール度数が低下し、温度が上がり、フーゼル油（olio di flemma）、もしくはアミル・アルコールを含むので、正確に分離しなければならない。さらに、グラッパ造りにおいて重要なのは、優れた蒸留器を持つことと言えるだろう。

コニャックやスコットランド・モルト・ウイスキーは中世からの伝統的な非連続式蒸留器によって行われているが、フランスやイギリスでグラッパの蒸留法が継承されていることが分かる。

直火式蒸留
この蒸留法は、古くからおこなわれていた蒸留法だ。ヴィナッチャ(ブドウの搾りかす)は、水と一緒に直接ボイラーに入れ、ボイラーを直接暖める。このシステムは、フライパンで野菜を炒めるのと同様、直接ヴィナッチャ（ブドウの搾りかす）を暖めるので、過度に熱くしてヴィナッチャを焦してしまい、出来上がるグラッパにダメージを与えてしまうため、現在ではあまり使われていない。この方法を正しく実践するためには、この方法を使用していた最後のグラッパ職人、ロマーノ・レヴィのような職人技と知恵が必要だ。

湯煎式蒸留
2つのボイラーで構成される蒸留器で、一つは内側に、もう一つは外側にある。内側のボイラーは外側の物に比べて小さく、ヴィナッチャ（ブドウの搾りかす）半分、水半分が入れられる。この2つのボイラーの間の空間に、水が満たされ、この部分を直接ボイルすることによって、ヴィナッチャ（ブドウの搾りかす）への衝撃を防ぎ、直火式蒸留でのダメージを避けることができる。

蒸気式蒸留
もともとは、蒸留器はある程度の高さがあり、ヴィナッチャ（ブドウの搾りかす）を入れる為の小さい穴の開いた棚板によって何段かに分割されたボイラーであった。ボイラーの下の部分には、水が入れられ、蒸気が棚板上にある原料を通り、揮発したものを収集していく。現在では、蒸留されるヴィナッチャ（ブドウの搾りかす）の入った蒸気釜のボイラーに独立した蒸気発生器から蒸気を送り、この熱によってヴィナッチャ（ブドウの搾りかす）が蒸留される仕組みになっている。

真空式蒸留
ヴィナッチャ（ブドウの搾りかす）をボイラーに入れ、次にボイラーの空気を抜き、蒸気

は0.5から1気圧に設定される。水銀真空計（真空を得るために必要な器具）はマイナスに設定される。この蒸留法で蒸留すると、非常に低温でグラッパを蒸留することにより、新鮮でアロマの残る柔らかい味わいのグラッパを造ることができる。

湯煎式蒸留器と蒸気式蒸留器が現在最も多く使用されている蒸留法で、どちらもヴィナッチャ（ブドウの搾りかす）に送られる熱を調整しながら蒸留するため、蒸留速度をコントロールでき、蒸留器の特徴を最大限に活かすことができる。

蒸留の実際

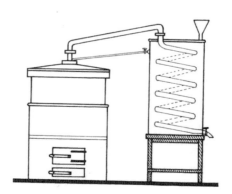

実際の蒸留作業を簡単に説明すると次のような工程を経ることになる。

蒸留塔付き直火式蒸留器で100kgのヴィナッチャ（ブドウの搾りかす）を蒸留するする場合、次のような工程で蒸留が行われる。

1. 冷却器を配水管に接続して水を充填する。

2. ボイラーに50リットルの飲料水を入れ、ヴィナッチャ（ブドウの搾りかす）を支えるグリルが挿入される。

3. ボイラーに100kgのヴィナッチャ（ブドウの搾りかす）を入れ、ヴィナッチャ（ブドウの搾りかす）と蓋の間に5〜10cmの隙間を残してヴィナッチャ（ブドウの搾りかす）を圧縮しないようにする。蒸留中、蒸気はヴィナッチャ（ブドウの搾りかす）の層を抜け、

上昇して冷却器に進む。

4. ボイラーは蒸留塔で閉じられており、そこから冷却器に接続された収集器と、冷却器から水を蒸留塔に運ぶ管が接続されている。

5. 窯に火をつけ、炎が強くなるように調整する。

6. ラセン管から蒸留液が出始めるのを待つ。この時、冷却器の水が開かれ、一筋の水が蒸留塔の蓋に送られ、備え付けの粗い布を湿らせる。この水分量は、供給された水、アルコール蒸気によって放出された熱で蒸発するように調整されなければならず、壁から溢れ出て広がってはならない。

7. 試験管の中の蒸留液に浸したアルコール計を常時チェックする。アルコール度数が50度に達すると、それまでに得られた部分が分離される。ここには初留（testa）の部分が含まれている。

8. 炎を少し小さくすると、アルコール度数が高くなる。60度を超えると、冷却塔内の水が一時的に止まる。ヴィナッチャ（ブドウの搾りかす）が新鮮であれば、アルコール度数が60度より高い蒸留液を造る必要はない。これ以上蒸留してもグラッパの品質が良くなることはなく、蒸留時間を不必要に長くすることになるからだ。

9. ある時点で、アルコール計は、蒸留液のアルコール度が低下する傾向にあることを示す。アルコールが50度まで下がると、蓋にさらに水を送ることで分別蒸留が多くなる。アルコール度がさらに低下する傾向がある場合は、中心部分（cuore）を示し、それまでに得られた蒸留部分が分離される。

10. 蒸留は、蒸留液のアルコールが10〜15度に下がるまで続く。アルコール度が50度を切ったところから、これまでに収集された部分は、後留部分（coda）となる。

11. 最後に冷却水を閉じる。

上記の操作が正しく行われた場合、ヴィナッチャ（ブドウの搾りかす）が比較的湿っていて新鮮だった場合、約10リットルの蒸留アルコールが回収される。そのうち7〜7.5リットルの中心部分（cuore）は、グラッパになり、2.5〜3リットルは初留（testa）と後留（coda）の部分である。さらに、わずかにエチルアルコールの残る、加熱し蒸留したヴィナッチャ（水で50%に希釈した後）を集め、これに初留（testa）と後留（coda）を加えて別の蒸留器で再蒸留する。この方法によっても飲用可能なグラッパを生産することができる。

官能検査

Ampio：グラッパの幅広く、巻き付くような香り。

Armonico：非常に心地よく、他の要素と完璧にバランスの取れた味わい。

Asciutto：グラッパの正確でクリーンな味わい。

Bouquet：フランス語で「花束」の意味で、香りの完全な結合。特にワインの官能検査で
　　　　　使われる。グラッパでは、特に熟成させた香りの心地よい複雑さを表す表現。

Caldo：アルコール度が高く、骨格のしっかりとしたグラッパの豊かな味わい。

Finezza：グラッパの持つバランスと香りの豊かさを表す表現。

Fragrante：グラッパの持つ洗練された心地よい香り。

Fragranza：グラッパが持つ、幅広くブドウ由来のブーケを思い出させる香りと味わい。

Franco：グラッパの持つ他の要素に左右されない、正確な香り及び味わい。

Gusto corto：グラッパの味わいがすぐに消えてしまうこと。

Gusto lungo：グラッパの持つ心地よく余韻の長い味わい。

Netto：francoの同義語

Penetrante：グラッパの香りに継続性があり力強いこと。

Persistenza：グラッパの香り及び味わいが長く続くこと。

Sapido：グラッパの味わいが非常に心地よいこと。

Sottile：グラッパの香りがデリケートで繊細なこと。

Tipicita'：そのグラッパが、特定の地区やブドウ品種などを表していること。

グラッパの欠点

粗悪な原料や不十分な蒸留器によって造られた欠点のあるグラッパに出会うこともがある。よくあるケースを紹介する。

Acetoso（酢の味がする）：蒸留工程の初留（testa）の不完全な分離による、酢酸エチルの存在過多によるにおい。

Acidità eccessiva（過度の酸）：ヴィナッチャ（ブドウの搾りかす）中の酢酸または酢酸アルデヒドの過多による酸っぱいにおい。あるいは、蒸留工程の初留の不完全な分離による場合もある。

Amaro（苦み）：グラッパのにおい、もしくは味わいに深刻な欠点のあるもの。ヴィナッチャ（ブドウの搾りかす）の保存の問題や不完全な蒸留により、苦みを感じる場合がある。主に後味に顕著に表れる。

Colore azzurrognolo（青みがかった）：ヴィナッチャ（ブドウの搾りかす）の中の二酸化硫黄が過多であったために、蒸留中に蒸留器内に銅塩が形成された場合に発生する色。

Flemma（悪臭）：蒸留の問題によって起こる。グラッパのにおいや香りに問題を生ずる。初留（testa）もしくは後留(coda)の部分を中心部分（cuore）からきちんと分離できていない場合に起きる。

Fumo（焼け）：蒸留の失敗によるヴィナッチャ（ブドウの搾りかす）の過剰加熱（焼け）

によって生まれるにおいや味わい。

Legno（木のえぐみ）：グラッパの樽による熟成の過多や若い樽の熟成によるタンニンの過多により、グラッパににおいや味わいとして現れたもの。

Muffa（カビ臭）：すでにカビの生えたヴィナッチャ（ブドウの搾りかす）を使用することによっておこる、カビのにおいや味わい。

Uova marce（卵の腐ったような）：異常な発酵をしたヴィナッチャ（ブドウの搾りかす）を使用したことによって生じるにおいや味わい。

Zolfo（硫黄香）：ヴィナッチャ（ブドウの搾りかす）中の二酸化硫黄過多によって、グラッパに硫黄のにおいや味わいがあること。

グラッパの効能

適量のグラッパを飲むと、陶酔感を得られ、血管拡張作用および利尿作用があり、鎮静作用、不安抑制にも効果がある。寝る前に飲むと、アルコールの麻酔作用により睡眠導入の効果がある。

適量の摂取により、胃と膵臓の分泌を促し、冠状動脈病変に効果的だが、常用および過剰摂取すると、肝臓等、臓器に深刻な損傷を与えることになる。

グラッパには、わずかながらメチルアルコールが存在しており、上質な製品の場合は、この天然成分は常に毒性の下限を下回る。密造グラッパの中にはその含有量が多く、メチルアルコールの毒性が人体の視神経に悪い影響を与える可能性がある。

7. Grappa（グラッパ）の主な生産地

　イタリアにおいてグラッパ市場は大きく北部と中部以南の2つに分けることができる。北部イタリアではグラッパの大半を消費し、残りはイタリア中部のトスカーナからシチリア、サルデーニャまでの他のイタリア地域で消費されていた。また、グラッパ市場は、家庭用とバール、レストランを中心とする業務用の2つの販売チャネルに分かれる。以前グラッパは、北イタリアのオステリアでその大半が消費され、残りはグラッパ愛好家が家で消費していた。近年アルコリズムなどの影響によりこの関係は逆転し、その多くは家庭用の流通を通じて家庭で消費され、残りがバール、レストランなどで消費されている。また、熟成グラッパをはじめとする商品はドイツをはじめとする国でも消費されるようになり生産量の3割が輸出されるようになった。

　酒場でのグラッパの消費は減少してその分が家庭の消費に回ったのではない。ある時期、アルコール依存症に対するキャンペーンが起こり、グラッパのような強い酒は敬遠され、これに代わって、風味のある砂糖水にすぎないソフトドリンクに置き換えられていくこと

になる。

もう1つの理由としては、他のアルコール飲料、特にウイスキーがイタリア市場で存在感を増し、新世代の味覚としてより高く評価されたことだ。

また、北イタリアに移り住んだ南イタリアの人々がピッツェリアをオープンし、健康そうな黄色で、レモンを使った甘いリキュール、リモンチェッロを宣伝した。このソフトな味わいのリキュールは女性にも受けたことから勢いを得、バール、レストランのみならず家庭にも浸透することになった。

若い世代は、世界的なライト傾向からノンアルコール飲料とアルコール飲料の両方を消費するようになり、アルコールに対する好みが変わった。そこでグラッパ市場を再構築するためには、生産とマーケティングの方向性を変える必要があった。グラッパそのものを消費者の新しいニーズに沿った方向付けが必要となった。言い換えれば、ルールの変更が必要とされた。そこで、グラッパの生産者が、より自然でシンプルなスピリッツとしてのグラッパを造るようになった。ジン、ホワイトラム、ウォッカ、あるいは日本の「焼酎」のブームに見るように、混合できるスピリッツとしての蒸留酒に勢いがあった。

しかし、この流れはグラッパのマーケティングを180度転換させるものではなく、グラッパの以前からの規定がそのまま受け継がれることになった。

北イタリアのグラッパ生産者には、トレンティーノグラッパ保護研究所とフリウリグラッパ保護協会という2つの重要な協会がある。この2つの協会は、協会のメンバーに法規定を遵守させる一方、分析と独自のチェックを通じて製品の出所と品質を保証するとともに、グラッパの販売促進も行なった。さらに、講演会、プロモーション、試飲会などを行いその活動は称賛に値するが、グラッパ市場の回復にはあまり効果がなかった。グラッパ市場を再興させるためには、伝統を尊重しながら、市場の流れを察知し、法律をニーズに適合させていく必要があった。さらに、関連省庁、地域団体などが、グラッパ市場に強力な後押しを与えられるようなコミュニケーション手段を通じて、グラッパの新たなイメージ作りや品質の向上が必要であった。

グラッパの主な生産地

　少し前まで、イタリアにおいてグラッパは、北イタリア中心でトスカーナ州の南までで止まっていた。ほかの地域では一部の地域を除き生産もしていなければ、消費もされていなかった。今日、その生産地はラツィオ州、カンパーニア州、プーリア州へも広がっている。しかし、消費は依然北イタリア中心に留まっている。グラッパ造りは、農民の伝統文化の遺産であり、各地域のグラッパにはそれぞれ特色がある。代表する地域は、フリウリ・ヴェネツィア・ジューリア、ヴェネト、トレンティーノ・アルト・アディジェ、ロンバルディア、ピエモンテ、ヴァッレ・ダオスタ、エミリア・ロマーニャ、リグーリア、トスカーナ、つまり、北イタリアと一部のトスカーナの地域である。

フリウリ・ヴェネツィア・ジューリア州

　フリウリ・ヴェネツィア・ジューリア州はイタリア東端の小さな州で、周辺のオーストリアやスロベニアの影響を受け、独自の文化が育まれてきた。この地方ではグラッパはスニャペ（sgnape）と呼ばれるが、国内の生産量における比率は年々減少している。

　この州では、製品の品質は1971年に設立されたフリウリグラッパ保護協会によって保証されている。この州で生産されるグラッパは、ワイン生産上の副産物ではなく、ワイン造りに関連する生産物の1つと見なされている。主な品種は、カベルネ・フラン、カベルネ・ソーヴィニヨン、メルロー、ミュラー・トゥルガウ、ピコリット、ピノ、グレーラ、レフォスコ、リボッラ・ジャッラ、リースリング、ソーヴィニヨン、テラーノ、トカイ、トラミネル・アロマティコ、ヴェルドゥッツォ・フリウラーノなどである。

　これらのブドウの中で、ゴリツィアーノ丘陵につながった、ウディネ県の丘陵地帯であるフリウリ・コッリ・オリエンターリのD.O.C.Gワインであるピコリットの名声は高い。残念ながら、この有名なブドウ品種は、希少であり、限られた栽培面積のため、グラッパ用原料は非常に少なく、その優れたグラッパは非常に高価なものになっている。

ヴェネト州

ヴェネト州には古くからグラッパが造られてきた伝統がある。グラッパの生産は1779年にバッサーノ・デル・グラッパにあるバルトロ・ナルディーニ蒸留所で始まった。しかし、これは公式なもので、実際には数世紀前からヴェネト人は家もしくは屋外でグラッパを生産していた。

この地方ではグラッパのことをグラスパ（graspa）という。この単語は、中世におけるラテン語のグラップルス（grappulus）に由来し、グラスポ（graspo）とブドウの房、グラッポロ（grappolo）のように、最初のsのところにpが入る。

ヴェネト州におけるグラッパ用の主なブドウ品種は、カベルネ・ソーヴィニヨン、メルロー、モスカート・ビアンコ、各種ピノ、グレーラ、ラボーゾ、リースリング・レナーノ、フリウラーノなどで、これらは優れたD.O.C.G、D.O.Cワインを生み出している。ヴェネト州のグラッパは、トレヴィーゾ商工会議所に拠点を置くヴェネト州グラッパ保護協会によって保護管理されている。

トレンティーノ・アルト・アディジェ州

トレントとボルツァーノ中心の自治州、トレンティーノ・アルト・アディジェ州は、ロンバルディアとヴェネト州の間にあり、オーストリアと国境を接しており、周辺国から歴史的な影響多く受けた地域である。1968年以来、トレンティーノグラッパ保護研究所が商工会議所内に設立され、当時としては高い専門性を誇っていた。1975年6月、この州独自の規定が制定された。トレント県のトルキオ（ブドウの圧搾）の名前からも分かるように、この地域で古くからブドウ栽培、ワイン造りが行なわれていた。また、サン・ミケーレ・ダディジェにあるトレント地方に関す博物館は、ワイン関連の資料に独自性がある。ヴァッレ・ディ・チェンブラ（トレントに近い谷）では、屋内と屋外のグラッパが常に存在していた。この谷で密造されたグラッパは、たびたび問題を起こし裁判沙汰にもなっていた。

この州の方言で、グラッパを意味するスニャペ（sgnape）という言葉は、ドイツ語のシュナップス（蒸留酒）に由来するが、あまり使われることはなく、アクアヴィーテに取って代わる言葉だった。この州で造られるグラッパは、イタリアのグラッパの平均的な品質よりもはるかに高かったため、愛好家にはそれなりの存在感があった。

主なブドウ品種は、カベルネ・ソーヴィニヨン、マルツェミーノ、モスカート・ジャッロ、モスカート・ローザ、ミュッラー・トゥルガウ、ノジオラ、ピノ・ビアンコ、ピノ・グリージョ、トラミネル・アロマティコ、テロルデゴなどである。この州では、特にグラッパ・アロマティカ（芳香性のあるグラッパ）、もしくはアロマティッザータ（芳香性のあるグラッパ)が有名である。ブラックベリー、ブルーベリー、ラズベリー等をグラッパに浸漬させて造る。また、他の地域では造られていないはちみつのグラッパも有名である。

ロンバルディア州

このイタリアで経済的に最も豊かな州は、ブドウ栽培にとっても好ましい環境を常に見出してきた。ワインの生産量はそれほどの量ではないが、グラッパの生産量はそれなりに多い。

ブレーシャ県のサンガッロ・ディ・ボッティチーノでは、同名の香り高いルビーレッドのワイン、ボッティチーノが生産されている。民族学博物館には、かつてグラッパの製造に使用されていた珍しい道具が集められたグラッパ専用のコーナーがある。ここでは、毎年、ロンバルディア州のワイン保護協会と全米グラッパ・テイスターズ協会が後援するグラッパの内覧会が行われる。

ロンバルディア州の主要ブドウ品種は、ピノ・ビアンコ、ピノ・グリージョ、ピノ・ネロ、グロッペッロ・ジェンティーレ、ランブルスコ各種、リースリング・イタリコ、リースリング・レナーノ、サンジョヴェーゼ、トレッビアーノなどがある。

ピエモンテ州

　ピエモンテ州は、アルプスの山々に近い位置にあり、多くのD.O.C.G、D.O.C格付けワインを持ち、産業としてのブドウ栽培は非常に重要である。ヴェネトと並びグラッパの生産量の多い地域である。グラッパは、中世フランス語のbrant（ブラント）から一般にbranda（ブランダ）と呼ばれ、ゲルマン語のブランド「熱心なもの」、「残り火」から派生している。ここから派生して現代のドイツのブラントワイン、蒸留酒になったと思われる。グラッパ生産者のギルドは1739年に設立され、その後1783年にサボイア王国の税務当局によって税額が固定された。

ピエモンテ州では、幅広いブドウ品種が認定されている。よく知られる品種に、バルベーラ、ネッビオーロ、ドルチェット、フレイザ、グリニョリーノ、ブラケット、モスカート・ビアンコ、コルテーゼ、エルバルーチェなどがある。

知名度、そして量においても、モスカート・ビアンコ種を使用したグラッパがナンバーワンの位置付けにある。モスカート・ビアンコは、甘口用の風味豊かな白ブドウで、このブドウから造られるワイン、モスカート・ダスティとアスティ（スプマンテ）は、世界中で知られている。

エミリア・ロマーニャ州

三角形をなすエミリア・ロマーニャ州は、ワイン生産量の多い地域で、蒸留酒メーカーである大手のジオ・ブトン、ファッブリなどの蒸留所がある。しかし、そのほとんどがブランデーやスピリッツ類でグラッパの生産量は少ない。おそらく、その理由は、丘陵地帯のワインの栽培に最も適した土壌から収穫できるブドウが少なく、平地で収穫されるブドウのヴィナッチャ（ブドウの搾りかす）がグラッパに向かないためだろう。

主要なブドウ品種は、ランブルスコ各種、カベルネ・フラン、カベルネ・ソーヴィニヨン、モスカート・ビアンコ、メルロー、マルヴァジア、サンジョヴェーゼ、トレッビアーノなどである。

リグーリア州

　この州は海岸線沿いにフランス国境まで長く伸びている州で、すぐに山がそびえていることからブドウの作付け面積が少ない。また、有数の観光地であることから、この地方で生産されるワインのほとんどがこの地域で消費され、輸出されるワインの量は非常に少ない。こうした状況から、この地域で生産されるグラッパの量も極めて少ない。

知られるブドウ品種は、ロッセーゼ、ボスコ、アルバローラ、ビアンケット・ジェノヴェーゼ、ヴェルメンティーノなどで、この地方を代表するD.O.C.ワイン、チンクエ・テッレのヴィナッチャ（ブドウの搾りかす）からグラッパが造られている。また、この地方の乾燥ブドウから造られるチンクエ・テッレ・シャッケトラは、心地よい香りと心地よい味わいの甘口白ワインである。このワインのヴィナッチャ（ブドウの搾りかす）から希少なグラッパも造られる。

トスカーナ州

　トスカーナ州は中部イタリアで最もワインの生産量が多い州である。中でもよく知られる赤ワインにキアンティがある。年間のワイン生産量は多く、そのヴィナッチャ（ブドウの搾りかす）からグラッパが造られてきた。グラッパは既に15世紀以降トスカーナ地方で生産されたと言われているが確かな資料はない。この地域は千年以上前からのワイン生産地であったため、おそらく今日のグラッパではない蒸留酒であっただろう。純粋なヴィナッチャ（ブドウの搾りかす）の蒸留酒ではなくてはグラッパを名乗れない。当時、ヴィネッロ（ブドウの搾りかすをさらに発酵させたものを原料として造るアルコール飲料）から蒸留酒を造っていた。また、ヴィナッチャ（ブドウの搾りかす）と他の原料との混合物からも蒸留酒を造っていた。

　主なブドウ品種は、サンジョヴェーゼ、ブルネッロ（サンジョヴェーゼ・グロッソ）、カナイオーロ、マルヴァジア・デル・キアンティ、トレッビアーノ・トスカーノ、ヴェルナッチャ・ディ・サン・ジミニャーノなどである。

ラツィオ州

　カトゥッロ、オラツィオ、その他の著名なラテン詩人は、ラツィオ州のワインに不朽の名詞を残したが、蒸留酒を思い起させるものは何もない。そして、偉大なラツィオの歴史においてさえその後何世紀もの間出てこない。この地域の主力ワインは、白ワインのフラスカティで、古くから海外でよく知られているローマ周辺で造られるワインである。この地方のグラッパの生産量はそれほど多くない。そして、そのほとんどは北イタリアの瓶詰業者に送られる。

主なブドウ品種は、マルヴァジア・ビアンカ、マルヴァジア・デル・ラツィオ、グレコ、トレッビアーノ（これらの4つの品種からフラスカティが造られる）、アレアティコ、チェザネーゼ・ダッフィレ、チェザネーゼ・コムーネ、トレッビアーノ・トスカーノ、メルローなどである。

カンパーニア州

　カンパーニア州においては、以前グラッパは多く造られていた。この地方は、古代ロー
マ時代からの品種を使ったワイン造りで知られている。この州においては、グラッパの伝
統も消費もなく、生産されたほとんどのグラッパは、北イタリアの瓶詰業者に送られてい
た。カンパーニア州では、古代ローマの時代からこの地に深く根付いたワイン造りとは対
照的に、グラッパは近年まで、地元ではほとんど消費されていなかった。

8. イタリアを代表する各地方の Grappa（グラッパ）生産者

既にGrappa（グラッパ）の歴史を紹介した通り、グラッパは古くから北イタリアで生産されており、独自に優れたGrappaを生産する会社も北イタリアに集中している。

ピエモンテ州に、Marolo社、Romano Levi社、Montanaro社、Berta社などがある。トレンティーノ・アルト・アディジェ州には、Marzadro社、Pojer e Sandri社、ヴェネト州には、Nardini社、Poli社、Bottega社、フリウリ・ヴェネツィア・ジューリア州には、Nonino社、Bepi Tosolino社などがある。

【ピエモンテ州】
Marolo（マローロ）社

ピエモンテ州には古くから多くのグラッパを造る会社があった。それは、Barolo, Barbaresco, Barbera, Dolcetto, Moscatoなどアルバを中心に重要なワインの生産地であったからだ。しかし、そのほとんどの会社は、その地で取れたブドウの搾りかすをサイロに入れ、保管し、年間を通じて蒸留するのが一般的だった。これに対し、食事に始まる飲料の世界的なライト化傾向も重なって、グラッパも従来のものよりも軽く、よりソフトな味わいのものが好まれるようになっていた。こうした状況の中、1970年代からブドウの品種別に分けて蒸留する方法（Monovitigno；単一品種）が考え出された。早くからこの方法を推進した会社にマローロ社がある。最初この会社はウーゴ、パオロの二人の兄弟で始まった。パオロ氏は、アルバの農学校の教師をするかたわら、午後は自宅で趣味としてグラッパを造っていた。同氏曰く、「私が小さいころ、家の近くにグラッパの蒸留所がありました。興味本位で原料のサイロを覗き込んだことがありましたが、中にはカビがいっぱい生えたブドウの搾りかすが詰まっていた。子供心にも、これでは良いグラッパはできないと思いました。」ラベルには、近くに住む農民画家、ジャンニ・ガッロ氏のエッチングを使用し、ボトル、箱とパッケージングを工夫し、手作りの良さを表現した。トリノやミラノの有名Enoteca（ワイン商）を中心に販売を開始し、広く有名レストランでも扱われるようになった。

パオロ氏は、ボトルだけでなく、中身にもオリジナリティーを発揮した。フレッシュな原料は自分の教え子が経営するワイナリーから調達し、小樽で熟成させて、円やかな味わいのグラッパ、さらにリンゴ、ナシなどの蒸留酒、ヴェルモットなど幅広い商品を世に送り出している。今では、アルバの農学校を卒業した息子のロレンツォも経営に加わり、輸出にも力を入れている。

この会社のグラッパの素晴らしさは、オーナーのパオロ氏の優れた味覚から造れるグラッパの味わいだけではない。ラベルデザイン、ボトルデザインなどパッケージが実に洗練されている。近年ではバローロに代表される小樽熟成させたグラッパも多く生み出し、世界各地に輸出している。

私が駐在していたミラノでも、ミシュランの星付きレストランやペックなどの有名惣菜店の店頭に並び、クリスマスの時期には洗練されたデザインのギフトボックスにセットされたマローロ社のグラッパがカタログに載せられていた。

また、グラッパにカモミッラを浸漬させて造った "ミッラ" も、心地よい甘い香りとソフトな飲み口から女性にも人気がある。

グラッパをテクニカルな部分から見直し、その品質を向上させ、さらに味わいに磨きをかけ、独自にデザインし、洗練された商品として世の中に生み出した先駆者ともいえる会社である。

Romano Levi（ロマーノ・レヴィ）社

ロマーノ・レヴィは、1924年に父親が創業した蒸留所を引き継いだ。良質の原料、優れた設備、優れたボイラーによってのみ優れたグラッパが造られる、というのが彼のモットーだ。ロマーノ氏は、1925年に父親によって始められた古い蒸留所に生まれたが、その父親は1933年に亡くなり、その後母親が引き継いでいた。わずか16歳で事業を引き継ぐことになった。母親も1945年、空襲で亡くなっている。

彼曰く、「私がグラッパを造る道を選んだわけではない。それは、環境がそうさせたのだ。グラッパが私を選択し、私はそれに従った。生きるために戦っている囚人の一人だった。そして、私はできる限りのことを試し、行ってきただけなのだ。だから、私は自分の人生設計を持っているわけではなかった。蒸留所には季節性がある。つまり、10月に始まり、2月、3月、または4月に終わる。毎年同じことの繰り返しで、それを継続するのは簡単なことだ。あと1年この仕事をして止めよう。何年もの間、私は常にそう考えて来て、40年が過ぎた。」

蒸留所は、直火式蒸留器でボイラーを温めることを続ける数少ない蒸留所の一つだ。燃料

には、前年収穫されたヴィナッチャ（ブドウの搾りかす）をプレスしたブロックを使用する。この燃料を使うことによって、ブドウの一生のサイクルが完成される。ブドウからまずワインを得、そしてヴィナッチャ（ブドウの搾りかす）からはグラッパを得る。グラッパを造った残りで火をおこすことによって熱を得、灰は地面に帰り新しいブドウの木が育つための栄養となり、ブドウを育てる。蒸留器は80年経過していた。「スイス製の時計と同じくらい信頼できる宝石」とロマーノ氏は言っていた。蒸留された中心部分（cuore）はさまざまな木材で作られた4つの大樽に入れられ、保管される。トネリコと栗は蒸留物の色に影響を与えないが、アカシアとオークは黄金色になる。そして、最終的には4つの樽がブレンドされる。ロマーノ氏は、1種類のグラッパのみを造った。「重要なのは蒸気の質だ。」と彼は言う。彼のグラッパは固く荒く素朴で、グラッパの原型だと言われているが、熟成を経るとエレガントになる。ロマーノ氏自身が手作業で描いたラベルも同様にユニークで、今では希少なものになり、味わうチャンスを得るのは容易ではない。

Montanaro（モンタナーロ）社

ガッロ・ダルバの蒸留の巨匠フランチェスコ・トゥルッソーニは、1885年、既に歴史上最初の単一のブドウ品種であるグラッパ・ディ・バローロを造り出した。

1992年、現オーナーのジュゼッペ・モンタナーロが一緒に働くようになり、蒸気式蒸留器を導入して製造プロセスを完成した。アルバのワイン醸造学校で得た貴重な情報と経験を基にした正確な技術を引き継いだマリオ・モンタナーロと彼の妻のアンジェラ・トゥルッソーニが新しいグラッパ造りをはじめた。

モンタナーロ蒸留所は、約100年の間に、反復不能な一種の「系譜」を作りあげた。

特にこの会社が造るグラッパ・ディ・バローロは、その歴史的、文化的側面において揺るぎのない地位を確立し、ランゲと呼ばれる地名を代表する、もっとも洗練されたグラッパになった。

モンタナーロでは、まずヴィナッチャ（ブドウの搾りかす）を選別し、単一のブドウ品種グループに分離し、それぞれを別々に蒸留する。各蒸留器には300キロのヴィナッチャ（ブ

ドウの搾りかす）が入れられる（収量に応じて、15から30リットルのグラッパが造られる）。

それぞれの蒸留器には、低圧の蒸気が生み出され、50/60分ごとに温度を手動で制御し、最後にバルブを開いて後留（coda）に含まれるフーゼル油を蒸留塔に送る。残された原料を使用し、水とアルコールのさらなる分離は蒸留塔で行われる。最終78 ～ 81％の蒸留アルコールにされるが、職人的な方法で「非連続式蒸留器」を使うことにより、グラッパの典型的なアロマと芳香を得ることができる。

Berta（ベルタ）社

ベルタ社は、ピエモンテ州のカザロット・ディ・モンバルッツォのなだらかな谷間に位置し、印象的に残るモダンなデザインのベルタ蒸留所にはグラッパ博物館も併設されている。以前はニッツァ・モンフェッラートにあった。

　ベルタ社は、年間約100万本のグラッパを造る生産者で、輸出も自社で行う。生産量が会社の規模の指標であるとしたら、ヴィナッチャ（ブドウの搾りかす）の青いプラスチック製の大桶が20,000個あり、蒸留を待つ原料のヴィナッチャはこの状態で屋外に保管される。大桶の中でヴィナッチャが発酵するとき、発酵によって生じる二酸化炭素によって容器内に圧力がかかる。この二酸化炭素は、蓋の非常に小さな穴を通して放出され、中の気圧を一定に保つことによってヴィナッチャ（ブドウの搾りかす）の腐敗を防ぐ。ベルタ社のグラッパには、モスカート・ダスティ、バルベーラ・ダスティ、ネッビオーロ・ダ・バローロ、ガヴィ、ブルネッロ・ディ・モンタルチーノなど、心地よい響きのワインがある。多くの場合、それらのグラッパは木樽で熟成され、琥珀色のグラッパが造られる。このグラッパの濃い色相と洗練されたボトルの形状からコニャックが連想される。ベルタ社の熟成を経ないグラッパは、灯台のような形をした高いボトルの蓋が丸い色付きガラスつまみになっていて、世界中の酒屋やバーで輝くランドマークとなっている。

【トレンティーノ・アルト・アディジェ州】
Marzadro（マルザードロ）社

サビーナ・マルザードロは、ローマで12年間働いたのち、美味しいグラッパを造るという夢を持って地元へ戻り、人生を変える決意をした。そして、ベランコリーノ・ディ・ノガレードの古い家に著名なアルノルディ社製の小さな直火式蒸留器を導入した。1949年当時、グラッパは低価格で取引されていたが、彼女は高品質のグラッパを生産することが不可欠であるという明確なビジョンを持っていた。

やがて、一杯のグラッパが生産者の名前で呼ばれない時代にバールで「マルザードロを一杯くれ」という言葉が聞かれるようになった。良い材料を使い、情熱を持って造られたこのグラッパは、列ができるほどの人気を得た。弟のアッティリオはこの小さな蒸留所でのサビーナの仕事を手伝い、サイドカーに乗ってロヴェレート近隣の町に売り歩いた。

サビーナは、蒸留をしていないときは、自生しているアルプスのハーブを集めに山へ登り、クルマバソウ、ムーゴマツ、イラクサ、ビャクシン、ヘンルーダといった根や実をグラッ

パに合わせた。彼女が記したノートは、アッティリオに受け継がれた。

1960年、サビーナは、すでに製造工程すべてを知っていた弟のアッティリオに蒸留所の経営を譲った。彼と妻のテレーザとの間には6人の子供がいた。テレーザは、今日の会社にするために必要な存在だった。1964年、より広いスペースとより効果的な蒸留設備、また、会社の革新を進めるために、家から近い場所に新しい蒸留所を作った。そして、オフィスと、ヴィナッチャ（ブドウの搾りかす）を満載にした貨物車のための中庭の大きな計量器と、独自の蒸留器を発注した。瓶詰めラインと小売りの為のショップも作られた。子供たちが成長し、アッティリオを手伝うようになる。ステファノ、エリーノ、アンドレアとエレナ、そして何年か先には一番年下のアンナとファビオーラも後に続いた。

1975年、当時としては革新的な単一品種のグラッパを造った。近くのイゼラ村産のマルツェミーノ種を使用し、これはすぐに成功を収めた。品種の香り、アロマ、独特の味わいがグラッパの中に閉じ込められていたからだ。

1970年代終盤、銅製の湯煎式蒸留器が開発された。このシステムにより、柔らかく、より香りやアロマを含むグラッパを得ることができた。

1980年代初頭、アッティリオは醸造所を子供たちに譲り、サポート役に回った。

マルザードロ社は、ブランコリーノの蒸留所を貯蔵庫と熟成庫として保持していたが、倉庫、オフィス、瓶詰め用の新しいスペースを作るために、さらに開発する必要性を感じた。そして本拠地に程近いロヴェレートに新工場を設立した。

ファミリーの夢は、多くの訪問者を受け入れられる蒸留所を作る事だった。2004年、伝統的でありながらモダンなインテリアの蒸留所がノガレードに誕生した。この新しい蒸留設備は円形で、8個の湯銭式蒸留器で構成され、機能的で大きく、伝統を保った手造り感のある設備だった。ロヴェレートと近隣の村の間に点在する場所で行われていた蒸留所のすべての作業はここに集約された。新しい施設は3つの建物で構成され、生産設備、ヴィナッチャ（ブドウの搾りかす）の貯蔵、および管理事務所に分かれている。

蒸留は、9月から12月の間、24時間継続し、これが約100日間続く。この間、厳選された新鮮なヴィナッチャ（ブドウの搾りかす）のみが蒸留される。そして、トレンティーノの

優良土着品種のみが使用される。厳選された原料は、新鮮な状態で蒸留所に届く。蒸留は、湯煎式非連続蒸留器で行われる。手作りの銅製の蒸留器は熱伝導が良く、香りとアロマが最大に高められる。製造の各段階で、熱の急激な変化を受けないようコンピューター化された調節システムによって管理され、柔らかく香りのよいグラッパができる。洗練された技術と職人技が調和して高品質のグラッパが造られる。

Pojer e Sandri（ポイエル・エ・サンドリ）社

ポイエル・エ・サンドリ社は、ワインとグラッパを生産する多角化された会社のモデルである。この会社は、トレント地方のチェンブラ渓谷とアディジェ川の間の白い白亜の大地とチェンブラの茶色の斑岩を称えるファエドの村に位置する。

西ドロミティ背景は雄大である。マリオ・ポイエルの会社周辺の山肌が露出し、地球の高貴な岩の層をむき出しにしている。この厳しい環境下で素晴らしいブドウが育つ。この地域の夏は暑いが、ドロミティ山塊からの熱が放出され、それが対流を作り、谷を通って冷たい空気をガルダ湖に引き寄せ、ブドウに良い環境を作る。

「私たちは自分でワインを造っているので、蒸留工程とグラッパの品質を完全に管理できる。F1レースのように。」とオーナーのマリオ・ポイエルは言う。「私たちのヴィナッチャ（ブドウの搾りかす）は、ワイナリーから直送された新鮮なもので、酢酸エチル他の残留物、バクテリアは含まれていない。ブドウの有するすべて香りがまだ残っている。白ブドウのヴィナッチャ（ブドウの搾りかす）の全ての茎と種子を発酵させる前に取り除く。2003年にこの手法を使い始めたが、当時イタリアでは唯一だった。黒ブドウのヴィナッチャ（ブドウの搾りかす）についても同様のことを行うようになった。」

種子には木の成分と油が含まれており、特に種子が長期間皮と接触した場合、グラッパに苦味を残す可能性がある。業界では2～3か月のヴィナッチャ（ブドウの搾りかす）の保存は珍しくない。この間に発酵のプロセスが始まり、生のヴィナッチャが劣化する。そのため、工業用グラッパの生産者は、連続蒸留器で何度も洗浄する必要がある。彼らにはそれをする必要がない。

　「ワイナリーでの酸素を抜いたプレス技術も、より良いヴィナッチャ（ブドウの搾りかす）をもたらす。」とマリオ氏。「このプロセスは完全に密閉されており、酸素は窒素に置き換えられて、ブドウの皮の酸化を抑える。その結果、より澄んだワインのマストと新鮮なヴィナッチャ（ブドウの搾りかす）の両方が得られ、フレッシュ感のあるグラッパを造ることができる。通常、白ワインは7～8か月後に苦味を帯びてくるが、我々のワインはフレッシュでさわやかだ。この方法は、他の方法では消えてしまう皮に含まれる抗酸化物質がワ

インに移行するため、より健康的と言える。この技術は特許を取得しており、世界中の大学から研究者がきている。このプロセスでの二酸化硫黄の使用量を削減できる可能性があるからだ。ボルドー大学では、二酸化硫黄をグルタチオンに置き換えることを考えている。グルタチオンは、自然界で最も強力で最も一般的な抗酸化物質の1つで、1リットルあたりわずか10ミリグラムのグルタチオンで、ワインを3～4年間保存できる。」蒸留はコンピューターで管理されている。「一人ですべてをコントロールすることができる。」とマリオ氏。「このシステムは30年の経験からプログラムされており、さまざまなブドウ品種の蒸留曲線とプロファイルを使用している。初留（testa）と後留（coda）は自動的に分離される。フォトセルがアルコールメーターを読み取り、バルブを作動させる。」完成したグラッパには75%のアルコールが含まれており、花崗岩質の水を加えてアルコールを48%にする。砂糖、フレーバー、芳香料などの添加物は一切加えない。曰く、「グラッパはグラッパでなければならない－新鮮なブドウの搾りかすと純粋な水だけで造られる！」

【ヴェネト州】
Nardini（ナルディーニ）社

ナルディーニ社のジョヴァンナ・カプリオリオさんは、霧のベールの中を無重力で浮かんでいるように見える、2つの信じられないほど未来的なグラスの泡に見える施設、"レ・ボッレ"から会社説明を始めた。この建物は、蒸留器から出てくるグラッパの滴を象徴している、と説明した。「最初の泡は私たちの研究室であり、もう1つの泡は会議を開催する場所です。」この複合施設は、現在使用されていないグラッパ工場に隣接している。生産は11月末まで開始されず、3月まで継続される。このために壮大な建物が建設され、中では蒸留とろ過の重要性に重点を置いたかなり専門的なプレゼンテーションが行われた。ショーとも言えるプレゼンテーションの後、すべてのナルディーニ製品が展示されているテイスティングルームに案内される。各部屋が7立方メートルの40個のセメントで作られた貯蔵室を見せてくれた。「現在、私たちが使用しているサイロは20のみで、約200トンのヴィナッチャ（ブドウの搾りかす）が入っています。トレヴィーゾにあるモナスティエの施設はここの6倍ありますが、それらもすべてこの施設で瓶詰めされています。合計で毎年約40,000トンのヴィナッチャ（ブドウの搾りかす）を処理し、約400万リットルのグラッパを生産しています。私たちの生産の95％以上がグラッパにされ、残りで他の食後酒とリキュールを造っています。グラッパ・ビアンカ（若いホワイト・グラッパ）がベストセラーで、オーク樽熟成グラッパは売上の約12％にすぎません。」

　また、「ナルディーニ・グラッパ・ビアンカは、ヴェネトとフリウリ地域のふもとの丘陵地帯から選ばれた赤と白のD.O.C.ブドウのヴィナッチャ（ブドウの搾りかす）から生産されています。」と彼女は説明した。運ばれたヴィナッチャ（ブドウの搾りかす）は、さまざまな比率で組み合わされ、2つの施設で蒸留されたグラッパもブレンドされる。そして、一定の味わいと品質を保てるように厳しく管理されている。

Poli（ポーリ）社

ヴェネト州の北部、グラッパの集積地、バッサーノ・デル・グラッパに近いスキアヴォンに位置するポーリ社は、1989年、ジョバッタ・ポーリによって設立された蒸留所。すぐ横にグラッパ博物館があり、グラッパ文化とその伝統、知識や歴史を今日に知らしめている。

この会社では、５つの古くからのグラッパ用非連続式蒸留器が稼働し、合計12の蒸気式と４つの湯煎式ボイラーがある。

ポーリ蒸留所は、次の５つの原則に基づいて作業をしている。第一に新鮮で健康な原料の選別。ヴィナッチャ（ブドウの搾りかす）を集める地域は、バッサーノ・デル・グラッパからマロスティカとブレガンツェ丘陵に広がっており、古くからグラッパ用のヴィナッチャ（ブドウの搾りかす）を供給してきた。

第二に、運ばれてきた原料をすぐに蒸留すること。この地域における名だたるワイン生産者から新鮮なヴィナッチャ（ブドウの搾りかす）を得る。これにより、個性があり、エレガントで洗練された、バランスの良いグラッパが製造できる。これは、100年の経験に基づいている。

第三に、洗練された歴史的な蒸留器を使用すること。ポーリ蒸留所の最も古い蒸気式蒸留器は今でも使用可能である。昔からの銅製のボイラーである。ヴィナッチャ（ブドウの搾りかす）は非連続式蒸留器に流れる蒸気で暖め蒸留する。

第四に、この作業はポーリ・ファミリーによって継承すること。

第五に、三代目ジョヴァンニが提唱した、さびない道徳だ。伝統を重んじるのにはコストが掛かるがこれを忠実に守ること。

ピエモンテ地方とトレンティーノ地方の蒸留所は、主に湯煎式蒸留器を使用する。一方、フリウリ地方とヴェネト地方の蒸留所は、主に蒸気式ボイラーの蒸留器を使用する。ポーリ蒸留所は両方を使用している。それはなぜだろうか？

各蒸留器には、特定の原料の蒸留に適した特性がある。グラッパを製造するには、設備と原料の両方の特性を知る必要があり、また、どのようなグラッパを造りたいのかというスタイルを明確に理解しなければならない。

ポーリ蒸留所では、湯煎式蒸留器2基 − 伝統的なものと真空式の物 − と古い銅製の蒸気式ボイラー蒸留器がある。

ポーリ蒸留所では、3つの異なる蒸留器が使用されており、すべてが非連続式で、蒸留器を製造した時代と加温技術が異なる。蒸気流式、伝統的な湯煎式、真空湯煎式である。

ポーリ蒸留所の旗印である古い銅製蒸留器は、ほぼ1世紀にわたって稼働しており、3つの蒸留塔に接続された12基の蒸気流式ボイラーで構成されている。銅の表面は多くの戦いの傷があるにもかかわらず、強靭で、賢くて辛抱強く、デリケートで、常に次の蒸留のための準備ができている。

構成する12基のボイラーは、それぞれ異なる時代に設置された。最初の3基はジョバッタによって1920年代終わりに設置された。そして、祖父ジョヴァンニは1959年に4基目を、その後アントニオが、1964年に4基を設置した。最後の4基のボイラーは、1983年ヤコポによって設置された。

ボイラーはそれぞれ異なる個性がある。例えば私の祖父ジョヴァンニは、個人主義者で、他の人と同じペースで蒸留することをしなかった。それぞれの蒸留器が異なるもので、入れるヴィナッチャ（ブドウの搾りかす）の量や蒸留のリズムが違い、蒸留器の調整は容易ではない。これにはベテランの技術者が必要になる。これが伝統というものだろう。

ポーリ蒸留所には3基の異なる（使用中の）蒸留器があり、すべてが非連続式だが、異なる加熱方式を持っている。2基の湯煎式蒸留器はアサノールとクリソペアと呼ばれ、2001年と2008年に設置された。すなわち、まだ新しいもので、子供のように扱われ、毎日他の蒸留器から学ぶことがある。

クリソペアは湯煎式真空蒸留器で、2つのボイラーと蒸留塔で構成され、調節可能な還流板はなく、イタリアでは2003年にできた最も革新的な蒸留器である。サン・ミケーレ・アッラディジェ農業研究所からの提案で導入されたものだ。この蒸留器を使うと、繊細なアロマや花の香りを持つ蒸留酒を得ることができる。

一方のアサノールは湯煎式蒸留器で、クラッシックなコンセプトでできており、2つのボイラーそれぞれに蒸留塔が接続され、調節可能な還流板がついている。果物やワイン用のブドウの蒸留に使用され、穏やかで均一な加熱を可能にする。

ポーリ蒸留所の地下の貯蔵庫には、熟成用のバリック樽、トノー樽4,000丁が保管されている。

Bottega（ボッテガ）社

トレヴィーゾ近郊に本拠地を持つボッテガ社は、グラッパの生産者として知られる会社で、近年はプロセッコの生産量も増やしている。銀色の美しいボトルで知られる"アレクサン

ダー”は、ヨーロッパに行ったことのある人ならデューティ・フリーで見たことがあるだろう。ヨーロッパをはじめ、世界各国にも輸出している。

中でも、ユニークな特殊ボトルは目を引く。自社でこの会社独自の特殊ボトルを生産する。ヴェネツィアのムラノ島のガラス細工同様に、この道数十年の技術を持つ職人が一つ一つ丁寧に瓶を造る。瓶の中にブドウの房やチェリー、馬、飛行機などのオブジェを注意深く入れ込む。1,000度〜1,200度という高温で20〜30分かけて1つの瓶を仕上げる。

社長のサンドロ氏は、この瓶造りからもアイディアマンであることがうかがえるが、蒸留方法においても彼のアイデアが生きている。ヴィナッチャ（ブドウの搾りかす）を大きなビニール袋にサラミ状に詰め、3メートルほどの長さにする。16〜18℃の温度で10〜12日間かけて発酵させ、プロセッコを造ったグレーラ種のアロマを残す。これに水を加え、釜の気圧を下げて15分ほど素早く30%程度のアルコールを作り、アロマとフレッシュ感を残す。後は通常のグラッパ同様に連続式蒸留器で、アルコール度数が78〜80%の原液を造り、40〜42%のグラッパに仕上げる。

サンドロ氏のアイデアは食事中にも披露される。箸休めにスプーンでグラッパを飲ませたり、ジェラートにグラッパのスプレーをかけたりと休まるところを知らない。確かに、食中にグラッパをスプーンで口に含むと、脂肪分の多い料理の後口がスッキリとした。

【フリウリ・ヴェネツィア・ジューリア州】
Nonino（ノニーノ）社

フリウリ・ヴェネツィア・ジューリア州のペルコトにあるノニーノ蒸留所は、イタリアの
通常のグラッパが世界に知られる蒸留酒になるまでに重要な役割を果たしてきた。
1973年、ノニーノ社は、「モノヴィティーニョ（単一品種）」「ディ・ヴィティーニョ（品種）」
と銘打って個別に蒸留した単一品種のグラッパを造った。これは、それ以前の造り方と違っ
ていた。グラッパの品質に注力した、「グラッパ・モノヴィティーニョ」は、それまでに
ない新しいタイプのグラッパであった。注目を集めた最初のブドウ品種は、ピコリットと
呼ばれる地元の希少な甘口用白ブドウで、その後、リボッラ・ジャッラなどの土着品種と、
スキオッペッティーノやピニョーロなどの黒ブドウへと続いた。これらの品種のいくつか
は絶滅の危機に瀕しており、これを救うためにノニーノ社は「Risit d'Azur」（フリウリ語
で「金色のつる」）賞を創設し、1978年、この活動が認められ、EECからこれらのブドウ
栽培の承認を得た。

1984年、ノニーノ社は新しい試みとして、l'acquavite d'uvaを発売した。l'acquavite d'uvaは、グラッパ（acquavite di vinaccia）のように、ブドウの搾りかすだけではなく、生のブドウを発酵させたものを加えて造られた留出物である。以前イタリアでは、ブドウの発酵物を蒸留することは禁止されていた。どんな果物でも蒸留することができたが、ブドウはワイン生産のためのものとされていた。これをノニーノ社が変えた。イタリアの産業、農業、健康省にブドウの発酵物の蒸留を許可する新しい法律を通過させることに成功したのだ。このようにしてl'acquavite d'uvaは生まれた。新鮮なブドウは、ヴィナッチャ（ブドウの搾りかす）の原価の10倍し、生産量は2倍にしかならないのでグラッパよりも原価は高い。しかし、この蒸留物は、外見からはグラッパを連想させ、しばしばグラッパと混同される。l'acquavite d'uvaは、通常グラッパよりもアルコール度数が低く、フルーティーでソフトな味わいになるがグラッパとは呼べない。

Bepi Tosolini（ベピ・トゾリーニ）社

この蒸留所の歴史は1943年に始まる。1918年にフリウリ地方に生まれたベピ・トゾリーニは、自らの土地と習慣、そしてグラッパ造りに大きな魅力を感じ、この地方で造られる素朴で荒いシンプルな蒸留酒に変革を起こし、上級者向けの洗練された品質の高いグラッパを造ることを決意した。1940年代、グラッパはまだフリウリ地方の農民の伝統的な貧しい蒸留酒で、彼がこのグラッパを世界市場で脚光を浴びる可能性があると信じたことは、ほんの短い期間に人目を引く蒸留酒になると予言のしたようなものだった。ベピ・トゾリーニはこの夢に人生のすべてを賭けたのだ。そして、1950年代に当時としてはイタリア最大のグラッパ貯蔵庫を併設し、新しい蒸留所をウディネに建設した。

原料となるヴィナッチャ（ブドウの搾りかす）は、主にコッリオ D.O.C.、フリウリ・コッリ・オリエンターリ D.O.C. およびフリウリ・グラーヴェ D.O.C. のものを使用する。原料の主要供給農家は、長期の協力関係を保ち、ブドウ生産からワインの醸造、ヴィナッチャ（ブドウの搾りかす）まで、すべての段階で品質をコントロールしている。このことは、優れたグラッパを保証するためには重要である。厳選された原料は、すぐれたグラッパを造るためには欠かせない条件である。また、ベピ・トゾリーニは地元の供給者と信頼関係を保ち、新鮮なヴィナッチャ（ブドウの搾りかす）を慎重に選んだ。彼は、いかなる保存方法も鮮度を超えることはできない、そう考えていた。

ベピ・トゾリーニの直感とスキルが、大幅な生産革命につながった。業界の重要なジャーナリストから、「蒸留の第一人者」と呼ばれ、現在でも使用される手動式の蒸気式蒸留器を独自に作った。この蒸気式蒸留器は、ヴィナッチャ（ブドウの搾りかす）の香りやアロマを最大限引き出すものであった。

1973年、手動式蒸気式蒸留器が目立つ中で、湯煎式蒸留器を加えた蒸留所が誕生した。

8基の伝統的な蒸留柱付き蒸気式ボイラー、2基の湯煎式蒸留器、マストの生産用のシャランテの蒸留器がある。蒸留は、ブドウの収穫時期にのみに行ってる。蒸留したグラッパは、適度の熟成を要する。熟成は、グラッパの種類によって、トネリコ樽、またはオーク

樽で12から20か月、それ以上行われる。グラッパに異なる風味のニュアンスをつけるため、時には何か月かをオーク、桜、プラム、栗の小樽で熟成させることもある。

この会社の新しい高品質グラッパは、伝統的なオーク樽を使用せず、トネリコ樽で熟成させ、輝きがある。かつて造られていたような琥珀がかったグラッパではない。トネリコの樽を使用し、ヴィナッチャ（ブドウの搾りかす）の香りやアロマなどの特徴を際立たせ、輝きのある透明なグラッパである。

この会社の歴史はファミリーの歴史でもある。ベピ・トゾリーニの知識や熱意、そして、妻ジョヴァンナと作った遺産は、長男のジョヴァンニと孫のジュゼッペ、ブルーノとリーザに受け継がれている。

9. Grappa（グラッパ）を使ったリキュール

　　グラッパの芳香付けには、グラッパに原料を浸漬させるが、味わいと香りの強いグラッパや変質したグラッパの使用は避ける。

以下は、グラッパを使ったリキュールのよく知られているものである。広く普及しているものもあるが、地元のみで造られるもの、あるいは、家庭で造られているものもある。日本でいえば、ちょうど梅酒のようなものである。下記のレシピは、1リットルのグラッパをベースにしている。

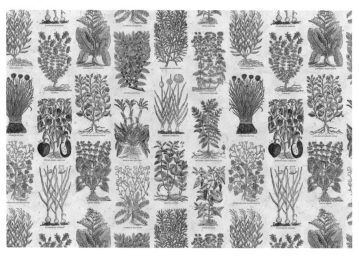

セージのグラッパ

（極辛口グラッパ）

新鮮なセージの枝数本を２０日間グラッパに浸漬させる。少量のアルコールで溶かした大サジ6杯のはちみつを追加し、湯煎で暖め、かき混ぜてろ過する。食事の後、時間をあけて飲む、メディテーションタイプ。小ぶりのグラス1杯は元気が出る強壮剤となる。

オレンジのグラッパ

オレンジ3個分の皮を慎重に白い部分から剥き、グラニュー糖３０g、クローブ2個と共にグラッパに入れ、かき混ぜてろ過する。冷たく冷やして家庭で飲まれる最良のリキュールである。同じ製法で、オレンジの代わりにレモン、マンダリン・オレンジ、シトロン、グレープフルーツを使用することもできる。

洋ナシのグラッパ

熟した洋ナシ1個の皮をむき、薄くスライスする。グラニュー糖３０g、レモンの皮1個と共にグラッパに入れ、密封容器に入れ、陽の当たる場所で９０日間浸漬させる。これをろ過し、瓶詰めする。食後や焼き菓子と合わせて提供するとよい。

ラズベリーのグラッパ

ラズベリー１００g、できれば野生のラズベリーを使用し、グラニュー糖大サジ2杯、クローブ2個、シナモン1かけと共にグラッパに入れる。陽の当たる場所で６０日間浸漬させる。ラズベリーを食べながら飲むとよく合う。イタリアでは古くから熱があるときに飲んでいた。

クミンのグラッパ

(超辛口グラッパ)

クミン２０gをグラッパに入れ、陽の当たる場所で１５日間浸漬させる。グラニュー糖大サジ４杯と水１リットルを入れる。さらに陽の当たる場所に１５日間置く。ろ過し、リキュールとして飲む。

ブラックベリーのグラッパ

熟したブラックベリー３つかみ、レモンの皮（黄色い部分）２個分に均一にグラニュー糖大サジ３杯をかける。容器にグラッパ１リットルをゆっくりと入れる。陽の当たる場所に６０日間置く。ろ過し、小ぶりのグラスで食後に提供する。美味しく、軽い渋みがあり、口内の炎症にも良いとされる。

はちみつのグラッパ

はちみつ５０g、クローブ３個、レモンの皮（黄色い部分）、シナモン２gを２５０ccのグラッパと一緒に１０日間浸漬させる。これをろ過し、少量のグラッパとアルコールを入れ湯煎で溶かした５０gのはちみつと混ぜる。残りのグラッパを加えてかき混ぜ、３か月以上休ませる。高エネルギーで心地よい味わいのリキュールになる。

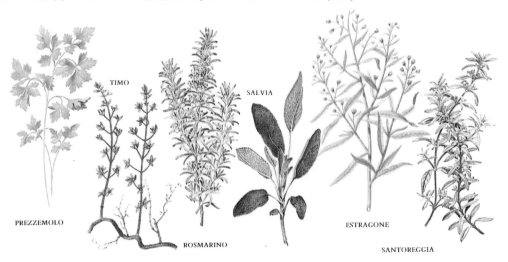

ミントのグラッパ

野生のミント１０枚とはちみつ４０gをグラッパに入れる。時々中身を振って混ぜながら３か月間浸漬させる。これをろ過し、瓶に詰める。喉の病気に効くリキュール。

クルミのグラッパ

つぶした生のクルミ大サジ４杯分をグラッパに浸漬させ、陽の当たる場所で４０日間置く。腸の病気に効く。

ブルーベリーのグラッパ

潰したブルーベリー１００ｇ、クローブ２個、シナモン１かけ、グラニュー糖３０ｇをグラッ
パに入れ、１日２回、中身を揺すりながら４０日間陽の当たる場所に置く。これをろ過し、
瓶詰めする。

強壮剤として最良のリキュール。また、潰していないブルーベリーを使用するものもある。
この場合、ブルーベリー３００〜４００ｇ、グラニュー糖１００ｇを入れ、ろ過せず広口
のグラスに入れブルーベリーを加えて飲む。

【注意事項】

芳香性グラッパ（グラッパ・アロマティカ）造りの準備にはいくつかのルールをきちっと
守る必要がある。容器（壺、または瓶）は完ぺきに洗浄され、浸漬および保存中の容器は
密封できること。浸漬させる材料は、交通量の多い道路から離れた場所で採取し、できる
限り農薬を使用していない土壌のものを使用する。浸漬材料は計量し、レシピの分量通り
に行うこと。出来上がった芳香性グラッパ（グラッパ・アロマティカ）は、冷蔵庫や涼し
い場所に保存せず、常温で保存すること。

10. *Grappa*（グラッパ）を使った料理

グラッパを使った料理は、グラッパそのものの味わい、あるいは肉との相性などから北イタリアの冬の料理に多く使われている。料理にグラッパを使うとかなりのアクセントになる。例えば、魚料理。ホタテ貝をバターとエシャロットで炒め、これにグラッパを加えてアルコールを飛ばし、味付けをすれば前菜として面白い料理になる。味わいの淡泊な豚肉をカツレツにする際グラッパを使うと風味が加わる。ハーヴとグラッパを併せて使えばさっぱりとした味わいになる。仔牛のレバーの料理もグラッパが合いそうだ。小麦粉をまぶしたレバーをバターで炒め、グラッパを加えて塩コショウすればレバーのくせも取れそうだ。干しブドウか生のブドウを乗せるとグラッパの味わいが引き立つ。子羊肉も面白い。骨付きの子羊肉をハーヴ類とグラッパを加えて蒸し焼きにしてキノコを加えても良い。あるいは、バニラアイスクリームやリンゴとメレンゲのデザートにもグラッパはアクセントをつけてくれるだろう。

それでは、以前私が実際にレストランに行って食べた料理中心に紹介することにしよう。

《ミラノの郊外の店、「La Rampina」San Giuliano Milanese》

　ミラノの郊外にあるこの店は、オーナーシェフのリーノ氏が兄弟でやっている店だ。時々食事に行っていた。ミラノの中心地から南のパヴィアに向かうナヴィーリオ（運河）沿いの店で、田んぼの中にある一軒家で、街から丁度良い距離にある。客席からライトアップした中庭が見え、客席はゆったりとした作りになっている。シェフのリーノは実に気さくな人柄で、難しい依頼をしても毎回ニコニコしてやってくれた。私が依頼したグラッパを使ったメニューについても二つ返事でやってくれた。当然のことながら、この時しっかりグラッパを飲んで帰ったのを覚えている。

リーノの店は、地下のワインセラーも圧巻だった。自分たちの決めたワインを毎年数ケースまとめて買う。そして、10年後、15年後に開けてみて、熟成していればその年はこのワインを売る。リーノは、これらのワインに合わせて料理を作っていた。毎回行くのが楽しみな店だった。

1）、Capesante alla Grappa - カペサンテ・アッラ・グラッパ -（ホタテ貝のグラッパソース）

《4人分の材料》

・ホタテ貝4ケ

・生クリーム　　　　　30ml

・グラッパ（熟成させていないもの）　40ml

・バター　　　　　60 g

・エシャロット　　　2個

・タイム、バジリコ、洋パセリ、塩、胡椒

・ウイキョウの花　　　適宜

〈作り方〉

　ホタテ貝を掃除し、殻もきれいに洗う。鍋にバターと刻んだエシャロットを入れ、ホタテ貝を加える。2〜3分炒めてグラッパを加え、アルコール分を半分飛ばす。これに生クリームを加え、洋パセリ、タイムのみじん切りを加えて塩コショウする。

　あまり火が通り過ぎないように注意し、皿に貝殻を乗せ、その上に貝を乗せる。

　最後に焼き汁のソースをかけ、ウイキョウの花を添えてサーヴする。

2）、Costolette di Maiale – コストレッテ・ディ・マイアーレ-（豚ロース肉のロースト）
《4人分の材料》
・1.5cmの厚さに切った豚ロース肉4枚
・バター　　　　　　100g
・ジュニパーベリー　6ケ
・グラッパ（熟成させていないもの）　30ml
・小麦粉　　　　　　50g
・リンゴ　　　　　　1/2個
・肉汁　　　　　　　大サジ5
・タイム、塩、黒コショウ
〈作り方〉
　豚ロース肉を少したたいて伸ばし、小麦粉をまぶす。大き目の鍋に50gのバターを入れて熱し、肉を加える。5分ほど焼いて百槇の実、タイム、グラッパを加える。強火でアルコールを飛ばし、塩コショウする。これに肉汁（ブロード）を加え、バター30gを入れて弱火でソースを詰める。別の鍋にバターを20g入れて溶かし、薄く切ったリンゴを焼く。これを肉と一緒に温め、ジュニパーベリーを加えて大き目の皿に乗せ残ったソースをかけてサーヴする。

3）、Fegato alla Grappa – フェガト・アッラ・グラッパ-（仔牛のレバー・グラッパソース）
《4人分の材料》
・5mmの厚さに切った仔牛のレバー4枚
・生のブドウ20粒（できればマスカット）
・モスカート種のグラッパ　30ml
・肉汁（ブロード）　大サジ3〜4
・バター　100g
・小麦粉　20g
・塩、コショウ
〈作り方〉
　仔牛のレバーに小麦粉をまぶす。広口鍋にバターを溶かし、レバーを入れ色付くまで

焼き、グラッパをかける。アルコールを飛ばし、ブドウとブロードを加えてしっかりと焼き、塩コショウしてサーヴする。

《ピエモンテ州ネイヴェの「La Contea」》
ネイヴェにあるこの店は、今はなくなってしまった。シェフのクラウディアとサーヴィスをするトニーノ夫婦が経営する隠れ家的な店であったが、宿泊施設もあったため、この店でお世話になった日本人も多いのではないかと思う。

秋から冬にかけては、ポルチーニ茸、トリュフを使った料理をサーヴィスしていたが、目玉焼きに下が見えなくなるほどの白トリュフ掛けた料理は強烈だった。彼らは、これを白トリュフのサラダと呼んでいた。下のレシピには入っていないが、私が依頼したグラッパを使った料理にも大量の白トリュフが掛かっていた。いかにもピエモンテという料理に、たくさんのグラッパを使い、ワインを存分に味わった日々が思い出される。

4）、Insalata di Vitello alla Grappa – インサラータ・ディ・ヴィテッロ・アッラ・グラッパ-（仔牛肉のサラダ　グラッパソース）
《1人分材料》
・仔牛のひき肉　　　100g
・グラッパ　　　　　適量
・エキストラ・ヴァージン・オリーヴオイル　　適量
・ニンニク、バジリコ、塩、コショウ
〈作り方〉
　仔牛のひき肉、刻んだニンニク、バジリコを混ぜ合わせ、これにオリーヴオイル、グラッパを加え、塩コショウして和え、サーヴする。

5）、La Tartra – ラ・タルトラ-（グラッパ入りムース"タルトラ"）
《4人分材料》
・生クリーム　　75ml
・牛乳　　　　　25ml
・玉子　　　　　6個
・玉ねぎ　　　　1個（みじん切り）
・バター　　　　適量
・白ワイン　　　適量
・パルミジャーノ・レッジャーノチーズ（粉）　適量
・ローリエ、セージ、洋パセリ、ナツメグ、ローズマリー
・グラッパ　　　適量
・塩、コショウ
〈作り方〉
生クリームと牛乳を合わせ、ハーヴの束を浸す。別の鍋にバターを入れ、玉ねぎのみじ

ん切りを炒める。生クリームと牛乳の混合物に浸したハーヴの束を取り除き、これにバターを加える。さらに、パルミジャーノ・レッジャーノチーズを加え、別に用意した全卵のホイップを加える。最後に塩コショウしてナツメグを加え、よくかき混ぜて型に入れ、オーブン皿に乗せ、30分ほど湯煎にかける。ソースは、グラッパ、白ワイン、バター、ハーヴ、塩で温めて作り、ムースにかけてサーヴする。

6）、Il Capretto Arrosto alla Grappa – イル・カプレット・アッロスト・アッラ・グラッパ-（子山羊肉のローストグラッパ風味）

《4人分材料》

・子山羊骨付き肉4個

・ニンニク　12個

・ローズマリー、月桂樹の葉、洋パセリ、ニンジン、玉ねぎ、セロリ

・グラッパ適量（熟成させていないもの）

〈作り方〉

鍋に子山羊の肉とニンニク他のハーヴ類を入れ、塩コショウして、蓋をして弱火で煮る。時々アクを取る。別の鍋にニンニク、ローズマリー、洋パセリ、月桂樹の葉、ニンジン、セロリ、ローズマリー、玉ねぎを入れソフリット（炒める）する。これに肉を加え、さらに煮込み、最後にグラッパを加え、煮詰まったところでサーヴする。

7）、Spumiglia di Mele alla Grappa – スプミリア・ディ・メーレ・アッラ・グラッパ-（グラッパ入りリンゴのムース）

《材料》

・リンゴ　　　　　1個

・グラッパ　　　　適量

・グラニュー糖　　適量

〈作り方〉

リンゴをみじん切りにし、グラッパとグラニュー糖を適量加えてとろ火でゆっくりと煮る。メレンゲを添えてサーヴィスしても良い。

8）、Risotto alla Grappa – リゾット・アッラ・グラッパ - （グラッパのリゾット）
《材料》
　・カルナローリ米　　　　　160g
　・プロシュット・コット　　180g
　・玉ねぎのみじん切り　　　20g
　・辛口グラッパ（熟成させていないもの）　50ml
　・ブイヨン　　　　　　　　800ml
　・バター　　　　　　　　　100g
　・パルミジャーノ・レッジャーノ（粉）100g
〈作り方〉
　プロシュット・コットを小さめのサイの目切りにする。玉ねぎをバター50gと共に鍋に入れきつね色になるまで炒め、プロシュット・コット、米、コショウ少々を入れる。
静かに米を混ぜて風味をつけ、グラッパ45mlを入れ沸騰させ、ブイヨンを入れ、19〜20分煮詰める。
鍋を火からおろし、細かくした残り50gのバターとパルミジャーノ・レッジャーノを入れる。残っているグラッパ5mlを入れ、手早く混ぜサーヴする。

9）、Petti di Germano alla Grappa – ペッティ・ディ・ジェルマーノ・アッラ・グラッパ - （鴨胸肉のグラッパ煮）
《4人分材料》
　・鴨胸肉　　　　　　　　4切れ
　・洋ナシ　　　　　　　　2個
　・レモン汁　　　　　　　10cc
　・濃縮ブロード　　　　　10cc
　・赤ワイン　　　　　　　10cc
　・辛口グラッパ　　　　　グラス1杯
　・バター　　　　　　　　100g
　・塩、コショウ　　　　　少々
〈作り方〉

洋ナシを半分に切って皮をむき、冷たい水に入れ、レモン汁を加えて煮る。火が通ったらティースプーンで真ん中の芯を取り去り、後でグラッパを注ぐためのくぼみを作る。鴨胸肉の脂肪を取り、塩コショウをしてフライパンに入れ、強火で焼く。フライパンから胸肉を取り出し、保温しておく。深鍋に赤ワインを入れ、強火でとろりとするまで煮込む。別容器にティースプーン4杯分を残してグラッパを入れる。

全体を混ぜ、濃縮ブロードを入れる。極弱火にしてバターを入れ、沸騰させないように泡立てる。皿にスライスした胸肉を扇状に広げ皿の半分は空けておく。空いた半分のスペースに煮た洋ナシを置き、良く暖めたグラッパをティースプーン1杯片側に注ぎ、もう片側にソースをティースプーン1杯飾り付ける。テーブルに運ぶ際、グラッパに火をつける。

10)、Insalata di Fagiolini e Petti di Piccione alla Grappa – インサラータ・ディ・ファジョリーニ・エ・ペッティ・ディ・ピッチョーネ・アッラ・グラッパ - （さやインゲンのサラダと鳩胸肉のグラッパ風味）

《4人分材料》

- ・さやいんげん（非常に小さいもの）　　　200g
- ・鳩胸肉、およびもも肉　　　　　　　鳩4羽分
- ・グラッパ　　　　　　　　　　　グラス1杯
- ・エシャロットのみじん切り　　　　2個
- ・バター　　　　　　　　　　　　150g
- ・分葱のみじん切り　　　　　　　30g
- ・塩、おろしたての白コショウ　　　少々

〈作り方〉

鳩の胸肉と腿肉に塩コショウをし、バター25gで炒める（胸肉片側1分、もも肉片側2分）。焼けたら保温しておく。フライパンの焼き脂をふき取り、グラッパを入れ、半分になるまでソースを煮詰める。さやいんげんをゆで、お湯を切り、アルデンテに仕上げる。別にエシャロットをバター25gで炒め、さやいんげんを加え、塩、コショウして火にかける。さやいんげんを熱い皿に盛り、胸肉をスライスしその上に放射状に盛る。最後にもも肉を盛る。残りの100gのバターを泡立て器を使って少量ずつグラッパ入りソースに入れる。分葱を料理にかけ、サーヴする。

11)、Pesce Spada alla Grappa con Pistacchi - ペッシェ・スパーダ・アッラ・グラッパ・コン・ピスタッキ - （カジキマグロのグラッパ風味ピスタチオ添え）

《4人分材料》

- ・カジキマグロ　　　　4切れ
- ・グラッパ　　　　　　小さいグラスに1杯
- ・小麦粉　　　　　　　大サジ2
- ・エクストラ・ヴァージン・オリーヴオイル　大サジ2
- ・バター　　　　　　　　　20g

・レモン　　　　　　　1個
・ピスタチオ　　　　　80g
・塩、コショウ
〈作り方〉
　大きな皿にカジキマグロを並べ、グラッパの半量で濡らし、一晩おく。カジキマグロの水分を取り、小麦粉をはたいて、強火のフライパンに大サジ1杯のオリーヴオイルを入れ両面に焼き色を付ける。ほかの鍋で残りのオリーヴオイルと共にバターを溶かし、静かにカジキマグロの切り身を入れ、塩、コショウをし、細かく砕いたピスタチオを振りかける。残りのグラッパを注ぎ、10分弱火にかけアルコールを飛ばし魚にかけサーヴする。

12）、Zucca Gialla Marinata alla Grappa – ズッカ・ジャッラ・マリナータ・アッラ・グラッパ -（黄色南瓜のグラッパマリネ）
《材料》
・黄色南瓜　　　1キロのもの1個
・エクストラ・ヴァージン・オリーヴオイル　　　1カップ
・バジリコ　　　数枚
・ニンニク　　　1かけ
・グラッパ　　　小さいグラス2杯
・小麦粉　　　　大サジ2
・塩、コショウ
〈作り方〉
　南瓜の皮と種を取り、スライスして小麦粉をまぶし、熱したオリーヴオイルで揚げる。小鍋に小さいコップ1杯のグラッパ、ニンニク一かけ、塩、コショウを入れて火にかけ、沸騰したらニンニクを取り出す。バジリコを間に挟みながら南瓜を陶器の鍋に並べ、事前にグラッパをかけてなじませ、さらにグラッパを少し（もしくは、繊細なワインヴィネガー）かけ、ふたをする。30分以上このまま休ませる。

13)、Frittelle di Riso　− フリッテッレ・ディ・リーゾ - (米の揚げ菓子)
《材料》
・米　　　　　　　150g
・トウモロコシ粉　50g
・バター　　　　　25g
・グラニュー糖　　50g
・牛乳　　　　　　500cc
・卵　　　　　　　3個
・レモン　　　　　1個
・粉糖　　　　　　適宜
・エクストラ・ヴァージン・オリーヴオイル（又はサラダ油）　　1カップ
・熟成グラッパ　　小さいグラス1杯
・塩
・アップルミント　適宜
〈作り方〉
　米とトウモロコシ粉を牛乳で煮る。半煮えになったらバター、グラニュー糖、塩一つまみ、レモンの皮のすりおろしを入れる。米が煮えたらそのまま冷まし、他の容器に卵黄、トウモロコシ粉、小さいコップ1杯のグラッパを入れて軽く混ぜる。揚げ物用鍋にエクストラ・ヴァージン・オリーヴオイルを入れ、温まったら、米に泡立てた卵白を加えトウモロコシとグラッパの衣を付け、オリーヴオイルで揚げる。揚がったらキッチンペーパーの上にあげ、粉糖をまぶす。

14)、Torta di Tagliatelle alla Grappa − トルタ・ディ・タリアテッレ・アッラ・グラッパ - (グラッパ風味のタリアテッレのタルト)
《材料》
・小麦粉　　　　　500g
・グラニュー糖　　250g
・ココアパウダー（甘いもの）　200g
・アーモンド　　　100g

・バター　　　　80g
・アマレッティ　50g
・バニラ　　　　1袋
・ヴェルモット　小さいグラス1杯
・グラッパ　　　小さいグラス1杯
・卵　　　　　　3個

〈作り方〉

　麺台で小麦粉、卵黄3個、小さいグラス1杯のグラッパとヴェルモットで通常のパスタ生地を作る。生地を広げて丸め、タリアテッリーネ・サイズに切る。別にアーモンドをゆで、皮を取りみじん切りにし、グラニュー糖、バニラ、ココア、細かく刻んだアマレッティをボウルに入れて混ぜる。タルト型にバターを塗り、軽く小麦粉をはたき、タリオリーニを準備した混ぜ物と交互に何層にも並べ、180℃のオーブンで30分焼く。

15）、Fritole con Grappa – フリトーレ・コン・グラッパ-（グラッパ風味の揚げ菓子）

《材料》
・小麦粉　　　　　　　　500g
・グラニュー糖　　　　　100g
・サルタナ産干しブドウ　50g
・ビール酵母（任意）　　30g
・卵　　　　　　　　　　3個
・レモンの皮すりおろし　1個分
・シナモンパウダー　　　ティースプーン1杯
・牛乳　　　　　　　　　250cc
・熟成グラッパ　　　　　小さいグラス1杯
・エクストラ・ヴァージン・オリーヴオイル（又はサラダ油）　1カップ
・粉糖　適宜
・塩

〈作り方〉

ぬるま湯で干しブドウを戻す。ボウルに小麦粉、酵母、少し暖めた牛乳を少し入れて混

ぜる。よく混ぜたら塩、シナモンパウダー、グラニュー糖、干しブドウを混ぜる。上にレモンの皮をすりおろして入れ、グラッパを入れる。再度混ぜ、卵と牛乳を入れて濃い衣状になるまで混ぜ30分ほど寝かせる。スプーンでフリッテッレの形を作り、オリーヴオイルで揚げる。火が通ったら、キッチンペーパーの上にあげ、粉糖をかけてサーヴィスする。

16）、Cassatella – カッサテッラ -（カッサテッラ）

《材料》

・バター	200g
・グラニュー糖	200g
・ビターチョコレート	150g
・アマレッティ	100g
・ビスコッティ	100g
・サヴォイアルディ	100g
・卵	3個
・グラッパ	小さいグラス2杯

〈作り方〉

　チョコレート、ビスコッティ、アマレッティは細かく刻み、グラッパを少し振りかける。卵黄3個分とグラニュー糖をボウルで泡立て、バターを刻んで温めて加え、固く泡立てた卵白を入れ、1杯目のグラッパの残りを振り入れる。2杯目のグラッパで湿らせたサヴォイアルディを型に敷き、最初に混ぜた物を流し込んで冷凍庫で2時間以上冷やす。これを大き目の皿にひっくり返して盛りサーヴィスする。

17）、Torta di Pere alla Grappa（グラッパ風味の洋ナシのタルト）

《材料》

- 洋ナシ　　　　　500g
- パイ生地　　　　300g
- 杏ジャム　　　　100g
- アマレッティ（細かく割る）　　50g
- バター　　　　　50g
- グラニュー糖　50g
- グラッパ　　　　小さいグラス1杯

〈作り方〉

　皮をむいた洋ナシの芯を取り薄くスライスし、鍋に入れ、バターとグラニュー糖を混ぜて溶かす。鍋を火からおろし、ジャムを入れ、小さいグラス1杯のグラッパ、細かく砕いたアマレッティを入れ、ゆっくりとよく混ぜる。パイ生地を2つに切り分けて麺棒で延ばし、片方はバターを塗ったタルト型に被せる。そこへ、洋ナシを広げ、スプーンで平らにする。残った方のパイ生地を広げ、タルト型の上に被せ、170℃に熱したオーブンで約30分焼く。

〈 1）2）8）13）の料理撮影：風岡さと子 〉

11. Grappa（グラッパ）を使ったカクテル

Grappa（グラッパ）は、一般的には口のつぼまった小さめのグラスに注ぎ、食後に常温、ストレートで飲まれるケースが多い。時には、エスプレッソにグラッパを加えて飲む、これを"カフェ・コッレット"という。さらに、ヴェネト州においては、エスプレッソを飲んだ後の器にグラッパを入れ、"レゼンティン（カップの掃除）"と称して飲むこともある。以前、世界バーテンダー協会の会長を3期務めた、ミラノ在住のUmberto Caselli（ウンベルト・カゼッリ）氏にグラッパを使ったカクテルを作ってもらったことがある。

同氏によれば、古くからある重いタイプのグラッパは、あまりカクテルに向かなかったが、1980年代からソフトな味わいのグラッパが造られるようになり、グラッパを使ったカクテルが女性にも受け入れられるようになったという。カゼッリ氏に得意のカクテルを3種作ってもらった。

１）、Pink Sour　ピンク・サワー

　　3/10　モスカートのグラッパ

　　2/10　糖水

　　3/10　レモンジュース

　　2/10　イチゴシロップ

　　シェイクしてグラスに注ぎイチゴを添える。

２）、Harmony　ハーモニー
　　　3/10　ガヴィのグラッパ
　　　3/10　グランマニエ
　　　2/10　オレンジジュース
　　　2/10　糖水
　　シェイクしてグラスに注ぎオレンジ片を添える。

３）、Kiss　キッス
　　　3/10　アルネイスのグラッパ
　　　3/10　ブルーキュラソー
　　　4/10　パイナップルジュース
　　シェイクしてグラスに注ぎレモンピールを添える。

《この他、IBES（世界バーテンダー協会）のレシピ》

4）、Miramare　ミラマーレ
　　6/10　グラッパ
　　3/10　カンパリ
　　1/10　コアントロー
　　シェイクしてカクテルグラスに注ぎ、チェリーを入れる。

5）、Alessia　アレッシア
　　5/10　グラッパ
　　3/10　コアントロー
　　2/10　レモン果汁
　　クリームカシスを数滴たらし、シェイクしてカクテルグラスに注ぐ。

6）、Delicado　デリカード
　　3/5　グラッパ
　　2/5　ココナッツジュース
　　シェイクしてカクテルグラスに注ぐ。

《このほか、参考までにいくつかのGrappaを使ったカクテルを紹介する》

7）、Alkimista　アルキミスタ
　　5/10　グラッパ（熟成させていないもの）
　　3/10　ホワイト・ミント
　　2/10　レモンジュース
　　5滴ほどグレナデンシロップを落とし、シェイクしてグラスに注ぐ。

8）、Grigioverde　グリージョヴェルデ
　　1/2　グラッパ（熟成させていないもの）
　　1/2　グリーンミント
　　小型のタンブラーグラスにオンザロックで注ぐ。

9）、Moby Dick　モビー・ディック
　　1/3　グラッパ（熟成させていないもの）
　　1/3　グリーンミント
　　1/3　ブランデー
　　グラスにクラッシュアイスを入れ、3種をグラスに注ぐ。

10）、Lady Rose　レディ・ローズ
　　2/4　グラッパ（熟成させていないもの）
　　1/4　コアントロー
　　1/4　レモン果汁
　　5滴グレナデンシロップを落とし、シェイクしてグラスに注ぐ。

11）、Bridge　ブリッジ
　　2/4　グラッパ（熟成させていないもの）
　　1/4　アプリコットブランデー
　　1/4　ブランデー
　　グレナデンシロップを数滴落とし、シェイクしてグラスに注ぐ。

〈カクテル撮影：風岡さと子〉

（付　録）
イタリアのGrappa（グラッパ）
生産者一覧

	生産者名	住　所	URL	e-mail
	[ALTO ADIGE]			
1	Distilleria Alfons Walcher	Via Pillhof 99, 39057 Frangarto / Appiano (BZ)	www.walcher.eu	info@brennerei-walcher.com
2	Cantina Sociale Lagundo / Kellerei Algund	Via Portici 218, 39012 Merano (BA)	https://kellereialgund.it/it/home_it.php	info@algunderkellerei.it
3	Distilleria Psenner L.	Via Stazione 1, 39040 Tramin (BZ)	www.psenner.com	info@psenner.com
4	Roner Distillerie	Josef-von-Zallinger Str.44 39040 Termeno / Tramin (BZ)	https://www.roner.com/it/	info@roner.com
5	Distilleria Privata Unterthurner	Via Anselm Pattis 14, 39020 Marling (BZ)	https://www.unterthurner.it/it/	info@unterthurner.it
	[TRENTINO]			
6	Distilleria Angeli	Via Capitelli 29, 38074 Dro (TN)	http://www.distilleria-angeli.it/	info@distilleria-angeli.it
7	Distilleria Bailoni Vittorio	Via Crucis 5, 38049 Vigolo Vattaro (TN)	http://www.distilleriabailoni.it/	info@distilleriabailoni.it
8	Distilleria Bertagnolli	Via del Teroldego, 11/13 38016 Mezzocorona (TN)	https://grappabertagnolli.com/	info@bertagnolli.it
9	Distilleria Fedrizzi	Via Damiano Chiesa, 6, 38010 Toss di Ton (TN)	https://www.distilleriafedrizzi.it/	info@distilleriafedrizzi.it
10	Distilleria Giacomozzi Renzo & Figli	Loc. Stedro 12, 38047 Segonzano (TN)	https://www.facebook.com/DistilleriaGiacomozzi	
11	Distilleria Istituto Agrario di San Michele all'Adige	Via Edmondo Mach, 1 38010 San Michele all'Adige (TN)	https://www.fmach.it/Azienda-Agricola	cantina@fmach.it
12	Distilleria Marzadro	Via per Brancolino, 10 38060 Nogaredo (TN)	https://marzadro.it/	info@marzadro.it
13	Distilleria Paolazzi Vittorio	Via Vich 27, 38092 Faver Altavalle (TN)	https://www.grappapaolazzi.com/	
14	Distilleria Pezzi Fabio	Piazza Santa Barbara, 5 38010 Campodenno (TN)	http://www.distilleriapezzi.it/	info@distilleriapezzi.it
15	Distilleria Pilzer	Via Portegnago 5, 38092 Faver Altavalle (TN)	www.pilzer.it	info@pilzer.it
16	Distilleria F.lli Pisoni	Via San Siro 7/B, Pergolese di Lasino 38070 Sarche (TN)	https://www.pisonivini.it/	info@pisonivini.it
17	Azienda Agricola Pojer e Sandri	Via Molini 4, 38010 Faedo (TN)	https://www.pojeresandri.com/	info@pojeresandri.it
18	Distilleria Azienda Agricola Casimiro	Fraz. S. Massenza 43, 38096 Vallelaghi (TN)	www.distilleriacasimiro.it	info@casimiro.it
19	Distilleria Francesco Poli	Via del Lago, 13 - Loc. S. Massenza - 38069 Vallelaghi (TN)	http://www.distilleriafrancesco.it/	info@s.massenza.net
20	Distilleria Mauro e Giulio Poli	Piazza di Vigilio, 4 - 38096 Vallelaghi (TN)	https://www.giulioemauro.it/	info@giulioemauro.it
21	Maxentia	Via del Lago, 9, 38070 Santa Massenza (TN)	https://www.maxentia.it/	info@maxentia.it
22	Azienda Agricola Pravis	Localita' Le Biolche, 1 38076 Lasino (TN)	www.pravis.it	info@pravis.it
23	Distilleria Segnana F.lli Lunelli	Via Ponte di Ravina 13, 38123 (TN)	https://www.segnana.it/	info@segnana.it
24	Distilleria Tranquillini	Localita' Noreda 1, 38062 Arco (TN)	http://www.distilleriatranquillini.com/	
25	Distilleria Vettorazzi	Corso Centrale, 11 38056 Levico Terme (TN)	http://www.grappavettorazzi.it/	info@grappavettorazzi.it
26	Distilleria Villa de Varda	Via Rotaliana 27/a, 38017 Mezzolombardo (TN)	https://www.villadevarda.com/	info@villadevarda.com
	[VENETO]			
27	Buonaventura Maschio	Via Vizza, 6 - 31018 Gaiarine (TV)	http://www.primeuve.com/it/	info@primeuve.com
28	Distilleria Bonollo Umberto	Via Galileo Galilei 6, 35035 Mestrino (PD)	https://www.bonollo.it	info@bonollo.it
29	Distilleria Bottega	Via Galileo Galilei, 11 31020 Castello Roganzuolo di Sab Fior (TV)	https://www.bottegaspa.com/	info@bottegaspa.com
30	Distilleria F.lli Brunello	Via Giuseppe Roi 51, 36047 Montegalda (VI)	https://www.grappabrunello.it/	info@brunello.t
31	Brotto Distillerie	Via XXX Aprile 11, 31041 Cornuda (TV)	www.brotto.it	brottodistillerie@brotto.it
32	Azienda Agricola di Capovilla Vittorio	Via Giardini, 12-1 36027 Rosa' (VI)	https://www.capovilladistillati.it/	capovilladistillati@virgilio.it
33	Distilleria Acqavite (Roberto Castagner)	Via Bosco 43, 31028 Visna' di Vazzola (TV)	https://www.robertocastagner.it	info@robertocastagner.it
34	Distilleria Centopercento	Via A. Carretta. 19/C 31040 Nervesa della Battaglia (TV)	www.centopercento.net	info@centopercento.net
35	Distilleria Franceschini	Strada del Trenin, 50 37010 Cavaion Veronese (VR)	www.distilleriafranceschini.it	info@distilleriafranceschini.it
36	Distilleria Artigiana Gobetti Carlo	Via Ghiandare, 14 37010 Marciaga di Costermano (VR)	http://www.distilleriacarlogobetti.it/	info@distilleriacarlogobetti.
37	Distilleria Le Crode Di Vincenzo G. Agostini	Loc. Caorera - Via Masetti 11, 32030 Quero Vas (BL)	www.distillerialecrode.com	info@distillerialecrode.com
38	Distilleria Maschio Beniamino	Via San Michele, 70 31020 San Pietro di Feletto (TV)	http://www.beniaminomaschio.it/	info@beniaminomaschio.it
39	Distilleria Maschio Pietro	Via Cappuccini, 18 37032 Monteforte d'Alpone (VR)	http://www.distilleriamaschio.it/	info@distilleriamaschio.it
40	Distilleria Nardini	Ponte Vecchio 2, 36061 Bassano del Grappa (VI)	https://www.nardini.it	nardini@nardini.it
41	Distilleria Andrea da Ponte	Via 1' maggio 1, 31020 Corbanese di Tarzo (TV)	www.daponte.it	info@daponte.it
42	Poli Distillerie	Via Marconi 46, 36060 Schiavon (VI)	www.poligrappa.com	info@poligrappa.com

	生産者名	住　所	URL	e-mail
43	Distilleria Antonio Scaramellini (a fuoco diretto)	Via Garibaldi 48, 37010 Sandra' (VR)	www.distilleria-scaramellini.com	info@distilleria-scaramellini.com
44	Disilleria Schiavo	Via Mazzini 38, 36030 Costabissara (VI)	https://www.schiavograppa.com/	info@schiavograppa.com
45	Scuola Enologica di Conegliano	Via XXVIII Aprile 20,Conegliano (TV)		
	[FRIULI - VENEZIA GIULIA]			
46	Distilleria Aquileia	Via Julia Augusta 87/A, 33051 Aquileia (UD)	www.distilleriaaquileia.com	
47	Distilleria F.lli Caffo / Distilleria Friulia	Via San Daniele, 9/11 33037 Passons di Pasian di Prato (UD)	https://www.grappafriulana.it/default	
48	Distilleria Giacomo Ceschia	Via Foscolo 2/5, 33045 Nimis (UD)	https://grappaceschia.it	info@grappeceschia.it
49	Distilleria Domenis 1898	Via Darnazzacco 30, 33043 Cividale del Friuli (UD)	https://www.domenis1898.eu	info@domenis1898.com
50	Nonino Distillatori	Via Aquileia 104, 33050 Percoto (UD)	https://www.grappanonino.it/	info@nonino.it
51	Distilleria d. Pagura di Lindo Pagura & C.	Via Favetti 25, 33080 Castions di Zoppola (UD)	https://www.distilleriapagura.com	info@distilleriapagura.coma
52	Distillerie Bepi Tosolini	Marsure di Povoletto (UD)	www.bepitosolini.it	info@bepitosolini.it
53	Distilleria Az. Agr. Tenuta Villanova	Via Contessa Beretta, 29 34072 Farra d'Isonzo (GO)	http://tenutavillanova.com/	info@tenutavillanova.com
	[LOMBARDIA]			
54	Enoglam	Via Guglielmo Marconi, 7, 25038 Rovato (BS)	https://www.enoglam.com/	info@enoglam.com
55	Stock Spirits Group	Via Tucidide, 56 bis - Torre 2, 20134 Milano	https://www.stock-spa.it/en/	
56	Distillerie Locatelli Fabrizio	Via Scotti 2, 24030 Mapello (BG)	https://www.distillerialocatelli.it/	dist.locatelli@gmail.com ¦
57	Distillerie Franciacorta	Via Mandolossa 80, 25064 Gussago (BS)	https://www.distilleriefranciacorta.it/	info@distilleriefranciacorta.it
58	Distilleria Peroni Maddalena	Via Alcide de Gasperi 39, 25064 Gussago (BS)	https://distillerieperoni.it/	info@distillerieperoni.it
59	Cantina Storica di Montu' Beccaria	Via Marconi 10, 27040 Montu' Beccaria (PV)	www.ilmontu.com	ilmontu@ilmontu.com
60	Distillerie Frassine PierGiulio	Via Caporalino 7, 25064 Gussago (BS)	http://www.distilleriafrassine.it/	
61	Distillatori Rossi d' Angera	Via Puccini 20, 21021 Angera (VA)	http://www.rossidangera.it/	
62	Distillerie Riunite Schenatti - Dalla Morte	Via Martiri dela Liberta' 1, 23037 Tirano (SO)	www.schenatti.com	info@schenatti.com
63	Cantina Sociale La Versa	Via F Crispi 15, 27047 S. Maria della Versa (PV)	www.laversa.it	info@laversa.it
64	Distilleria La Valtellinese - Invitti Enrico	Via L. Mallero Cadorna 68, 23100 Sondrio (SO)	https://www.distilleriainvitti.it/	info@distilleriainvitti.it
	[PIEMONTE]			
65	Antica Distilleria di Altavilla di Laura Rimondo Mazzetti	"Loc. Cittadella, 1, Altavilla Monferrato (AL)"	http://www.grappaltavilla.com/it/	info@grappaaltavilla.com
66	Antica Distilleria Artigiana di S. De Palo e L.Barile	Via Nave, 1 - Via Roccagrimalda 17, 15060 Silvano d'Orba (AL)	http://www.grappabarile.it/	grappa.barile@teletu.it
67	A.G.B. Antica Grapperia Bosso	Localita' Stazione 5, 14026 Cuneo (AT)	www.grappabosso.com	info@grappabosso.com
68	Distilleria del Barbaresco	Strada Ovello 49, 12050 Barbaresco (CN)	http://www.enotecadelbarbaresco.com/portfolio/distilleria-del-barbaresco/	Dist.barbaresco@tiscali.it
69	Distilleria Beccaris Elio	Via Alba 5, Frazione Boglietto 14056 Costiglione d' Asti (AT)	www.distilleriabeccaris.it	info@distilleriabeccaris.it
70	Distillerie Berta	Via Guasti 34-36, Frazione Casalotto 14046 Mombaruzzo (AT)	https://www.distillerieberta.it	info@distillerieberta.it
71	Distilleria Bocchino	Via Giovanni Battista Giuliani, 88 14053 Canelli (AT)	https://bocchino.com/	info@bocchino.it
72	Distilleria Castelli Giuseppe	Corso L. Einaudi 55, 12074 Cortemilia (CN)	http://www.distilleriacastelli.com/	info@distilleriacastelli.it
73	Della Valle Distilleria	Via Tiglione 1, 14040 Vigliano d' Asti	https://www.grappedellavalle/	info@grappedellavalle.it
74	Distillerie Francoli	C.so Romagnano 20, 28074 Ghemme (NO)	https://www.francoli.it/	info@francoli.it
75	Distilleria Gualco	Via XX settembre 3, 15060 Silvano d' Orba (AL)	https://www.distilleriagualco.it/ITA/index.php	info@distilleriaguarco.it
76	Levi Romano (a fuoco diretto)	Via XX Settembre, 91 - 12052 Neive (CN)	http://www.distilleriaromanolevi.com/romano-levi/	info@distilleriaromanolevi.com
77	Distilleria Magnoberta di Lupaia Alberto	Via Asti 6, 15033 Casale Monferrato (AL)	https://www.magnoberta.com/ita/	info@magnoberta.com
78	Distilleria Santa Teresa dei Fratelli Marolo	Corso Canale 105/1, Mussotto 12051 Alba (CN)	https://www.marolo.com/it/	grappe@marolo.com
79	Mazzetti d' Altavilla - Distillatori dal 1846	Viale Unita7 d' Itali 2, 15041 Alba (CN)	https://www.mazzetti.it/it/	info@mazzetti.it
80	Distilleria dr. M. Montanaro	Via Garibaldi 6, 12060 Gallo di Grizzane (CN)	http://www.distilleriamontanaro.com/	grappamontanaro@grappamontanaro.com
81	Distilleria F.lli Revel Chion	Via Casassa 4, 10010 Chiaverano (TO)	www.distilleria-revelchion.it	info@distilleria-revelchion.it
82	Azienda Rovero	Frazione San Marzanoto, 216, Localita' Valdonata, 14100 Asti (AT)	https://www.rovero.it/	info@rovero.it
83	Distilleria Cooperativa Rosignano - Cellamonte	Via Isola 2, 15030 Rosignano Monferrato (AL)	http://distilleriadirosignano.com/	info@distilleriadirosignano.com
84	Distilleria Sibona	Via Castellero, 5, 12040 Piobesi d' Alba (CN)	https://www.distilleriasibona.it/	info@distilleriasibona.it

	生産者名	住　所	URL	e-mail
85	Distilleria S. Tmmaso	Reg. Guatrasone 99, 15046 San Salvatore Monferrato (AL)	www.grappasantommaso.it/index.php	info@san-tommaso.com
86	Torino Distillati	Via Montegrappa 37, 10024 Moncalieri (TO)	https://www.torinodistillati.it/web/home/	tordist@torinodistillati.it
	[VALLE D' AOSTA]			
87	La Valdotaine	Località Surpian, 11020 Saint Marcel (AO)	https://www.lavaldotaine.it/	info@lavaldotaine.it
	[LIGURIA]			
88	Antica Distilleria di Portofino	Via G. Garibaldi 8, 16040 Ne (GE)	http://anticadistilleriadiportofino.it/	portofino@portofinogolfodeltigullio.it
	[TOSCANA]			
89	Distilleria Nannoni	Localita' Aratrice, 58045 Civitella Paganico (SI)	https://nannonigrappe.it/	nannonigrappesrl@gmail.com
90	Distillerie Bonollo	Via Mosca, 5 - 41043 Formigine (MO)	www.bonollo.com	info@bonollo.com
	[LAZIO]			
91	Italcoral	Via Nettunense Km 7.100, 00040 Ariccia (RM)	http://www.italcoral.com/it/	italcoral@italcoral.com
	[CAMPANIA]			
92	Antica Distilleria Russo	Loc. Monticelli Di Sotto Mercato S. Severino - Salerno	https://www.anticadistilleriarusso.com/	v.russo@anticadistilleriarusso.com
93	Ditelleria Carpenito	Zona Industriale - 83010 Tufo (AV)	http://distilleriacarpenito.it/	distilleriacarpenito@libero.it
94	Distillati Italiani Srl	Zona Industriale Area Pip Lotto N. 2, 83050 San Mango sul Calore (AV)	http://www.distillatiitaliani.com/	info@distillatiitaliani.com

（付　録）
日本で入手可能なGrappa（グラッパ）

Soli' D'Orga Grappa di Nebbiolo da Barolo ソリ・ドルガ グラッパ・ディ・ネッビオーロ・ダ・バローロ	Tre Soli Tre トレ・ソーリ・トレ
Piemonte ピエモンテ Berta ベルタ バローロを造った後のネッビオーロの搾りかす100%使用。バリック樽で10～12ヶ月熟成。琥珀色がかった黄色。ヴァニラやココアの香りを含むソフトで力強い味わい。40%。 	Piemonte ピエモンテ Berta ベルタ バローロ及びバルバレスコのネッビオーロ100%使用。バリック樽で7年3か月熟成。個性的な香り。43%。 
Frola Grappa di Monferrato フローラ グラッパ・ディ・モンフェッラート	Bric del Gaian ブリック・デル・ガイアン
Piemonte ピエモンテ Berta ベルタ マルヴァジア、ブラケット使用。フローラ(マルヴァージア、ブラケット)種100% 調和の取れた香りとアロマティックでソフトな味わい。 40%。 	Piemonte ピエモンテ Berta ベルタ モスカート・ダスティ100%使用。ミディアム・トーストバリック樽で7年以上熟成。セージやベリー、ヴァニラの香りを含む滑らかな味わい。43%。 
Grappa Riserva Carlo Bocchino グラッパ・リゼルヴァ・カルロ・ボッキーノ	Grappa Invecchiata Bricco dell'Uccellone グラッパ・インヴェッキアータ・ブリッコ・デッルッチェッローネ
Piemonte ピエモンテ Bocchino ボッキーノ 創業121年記念で造られたグラッパ。2001年から2015年までフレンチオークのバリック樽で熟成。 	Piemonte ピエモンテ Braida ブライダ バルベーラ使用。密閉式容器に封印された果皮がベルタ蒸留所に運ばれる。古典的な非連続式で蒸留された後、ブリッコ・デッルッチェッローネの熟成に使用されたバリックで3年間熟成。45%。 
Grappa di Passum グラッパ・パッスム	Grappa di Policalpo グラッパ・ポリカルポ
Piemonte ピエモンテ Cascina Castlet カッシーナ・カストレット バルベーラ・ダスティ スペリオーレ「パッスム」の搾りかすを使用。無色透明で、クラッシックな味わいのグラッパに仕上げられている。43%。 	Piemonte ピエモンテ Cascina Castlet カッシーナ・カストレット ポリカルポ(バルベーラ、カベルネ)の搾りかすを使用。アカシアの小樽で1年以上熟成させるた麦藁色で心地よい味わい。43%。 
Grappa di Barolo Riserva グラッパ・ディ・バローロ・リゼルヴァ	"Moncucco" Grappa di Moscato "モンクッコ" グラッパ・ディ・モスカート
Piemonte ピエモンテ Fontanafredda フォンタナフレッダ バローロの搾りかすから造られたグラッパ。オークの小樽で熟成。濃くきれいな琥珀色で濃密な香りが特徴。43%。 	Piemonte ピエモンテ Fontanafredda フォンタナフレッダ モスカート・ダスティ"モンクッコ"の搾りかすを使用し木樽で熟成させた。輝きのあるきれいな琥珀色で、香り豊かでやさしい味わいが特徴。40%。 

Gaja e Rey ガイヤ・エ・レイ	**Grappa Costa Russi** グラッパ・コスタ・ルッシ
Piemonte　ピエモンテ Gaja　ガイヤ ガイヤ・エ・レイのシャルドネの搾りかすを使用。45％。 	Piemonte　ピエモンテ Gaja　ガイヤ ガイヤ社の「コスタ・ルッシ」のブドウの搾りかすを使ったグラッパ。「エレガント」と評される単一畑のブドウを使用。芳醇かつリッチな味わい。45％。
Grappa Sperss グラッパ・スペルス	**Grappa di Nebbiolo** グラッパ・ディ・ネッビオーロ
Piemonte　ピエモンテ Gaja　ガイヤ バローロの中で最上と言われるセッラルンガのブドウの搾りかすを使用した贅沢なグラッパ。ヘーゼルナッツや熟成果実などアロマが特徴。45％。	Piemonte　ピエモンテ Marolo　マローロ ネッビオーロ種（バローロ、バルバレスコ、ロエーロ）の搾りかすを使用し、6か月使用済バリック樽で熟成。44％。 
Grappa di Moscato Apre's グラッパ・ディ・モスカート "アプレ"	**Grappa di Barolo 12 years** グラッパ・ディ・バローロ　12年
Piemonte　ピエモンテ Marolo　マローロ モスカート・ダスティの搾りかすを使用。パンテッレリア島のモスカートを熟成させた樽で 5 年熟成。アロマを含む心地よい味わいが特徴。42％。 	Piemonte　ピエモンテ Marolo　マローロ バローロを造ったネッビオーロ種のブドウ搾りかすを100％使用し、12年以上小樽で熟成。エレガントでしっかりした味わいが特徴。50％。 
Grappa di Barolo Bussia 2004 グラッパ・ディ・バローロ・ブッシア 2004	**"Milla" Liquore alla Camomilla con Grappa** "ミッラ" リクオーレ・アッラ・カモミッラ・コン・グラッパ
Piemonte　ピエモンテ Marolo　マローロ ネッビオーロ種（バローロ・ブッシア 2004）のブドウ搾りかすを100％使用。エレガントでしっかりした味わいが特徴。50％。 	Piemonte　ピエモンテ Marolo　マローロ ネッビオーロ種のブドウの搾りかすにカモミッラを浸漬させて造ったグラッパのリキュール。甘い香りと滑らかな飲み口が特徴。35％ 
"Pala's" Grappa di Moscato "パラス" グラッパ・ディ・モスカート	**"Pala's" Grappa di Barbera** "パラス" グラッパ・ディ・バルベーラ
Piemonte　ピエモンテ Michele Chiarlo　ミケーレ・キアルロ ベスト・セラー「モスカート・ダスティ・ニヴォレ」のブドウの搾りかすを使用。ピーチや白い花の香りを含み、豊かでエレガントな味わいが特徴。40％。 	Piemonte　ピエモンテ Michele Chiarlo　ミケーレ・キアルロ バルベーラの搾りかすを 100％ 使用。チェリー、ベリー他バニラなど複雑でデリケートな香りを含み、バランスの良いグラッパ。40％。 

"Quatr Nas" Grappa **"クアトル・ナス" グラッパ**	**Grappa Bianca** **グラッパ・ビアンカ**
Piemonte　ピエモンテ Rocche di Manzoni　ロッケ・ディ・マンゾーニ ネッビオーロ、カベルネ、メルロー、ピノ・ネロ種のブドウの搾りかすを使用。ふくよかで柔らかく、優しささえ感じられる女性的な味わい。45%。	Piemonte　ピエモンテ Romano Levi　ロマーノ・レヴィ バルバレスコ、ドルチェット、バルベーラのブドウの搾りかすを使用。独自の方法で蒸留し、トネリコの木樽で熟成させた色の付かない無色のグラッパ。 
Grappa Moscato **グラッパ・モスカート**	**Grappa Camomilla** **グラッパ・カモミッラ**
Piemonte　ピエモンテ Romano Levi　ロマーノ・レヴィ 独自の手法で蒸留したグラッパ。デリケートなモスカート種の香りと味わいを十二分に楽しめる。木樽にて6ケ月熟成。40%。 	Piemonte　ピエモンテ Romano Levi　ロマーノ・レヴィ バルバレスコ、ドルチェット、バルベーラのブドウの搾りかすを使用。漬け込んだカモミールの甘い香りが特徴。40%。 
Grappa di Barolo **グラッパ・ディ・バローロ**	**Grappa di Barbera** **グラッパ・ディ・バルベーラ**
Piemonte　ピエモンテ Sibona　シボーナ バローロの搾りかすを使用。ほのかなスパイシーな香りを含み、ソフトで深みがあり、調和のとれた味わいが特徴。 	Piemonte　ピエモンテ Sibona　シボーナ アルバ、アスティ地域の新鮮なバルベーラ種の搾りかすを使用。オーク樽熟成。淡い黄金色で、カリンの風味を含む、ドライタイプのグラッパ。43%。 
Grappa Don Carlo **グラッパ・ドン・カルロ**	**EVO Grappa** **エヴォ・グラッパ**
Lombardia　ロンバルディア Dapiaggi　ダピアッジ パヴィア近郊の新鮮なブドウの搾りかすを使用。長期間小樽で熟成させたグラッパ。美しい琥珀色で、木のニュアンスが特徴。 	Lombardia　ロンバルディア Enoglam　エノグラム グレーラ種を主体にマンゾーニ・ビアンコ、カベルネなどのブドウの搾りかすを使用。小樽で平均 4 年程度熟成。干し葡萄、クルミ、バニラ、リコリス等の香りが特徴。42%。 
EVO Grappa Fumo **エヴォ・グラッパ・フーモ**	**Grappa di Pinot Nero** **グラッパ・ディ・ピノ・ネロ**
Lombardia　ロンバルディア Enoglam　エノグラム グレーラ種を主体にマンゾーニ・ビアンコ、カベルネなどのブドウの搾りかすを使用。桜の樽を中心に約 4 年熟成。干し葡萄、ヘーゼルナッツ、タバコ、バニラの香りが特徴。42%。 	Trentino Alto-Adige　トレンティーノ・アルト・アディジェ Pilzer　ピルツァー ピノ・ネロ種の搾りかすを使用。ラズベリーやハーブ、熟したフルーツの香りを含み、調和のとれた味わいのグラッパ。43%。 

Grappa di Pinot Nero グラッパ・ディ・ピノ・ネロ	**Grappa 903 Tipica** グラッパ 903 ティピカ
Trentino Alto-Adige トレンティーノ・アルト・アディジェ Segnana Fratelli Lunelli セニャーナ・フラテッリ・ルネッリ ピノ・ネロ種のブドウの搾りかすを使用。単式蒸留方式でけゆっくり蒸留する事により、ブドウ品種本来のアロマが凝縮されている。しっかりした味わいのグラッパ。42%。 	Veneto ヴェネト Bonaventura Maschio ボナヴェントゥーラ・マスキオ 銅の蒸留器を使用し、バランスの取れた味わい。創業者ボナヴェントゥーラ・マスキオに捧げられたグラッパ。45%。 
Grappa 903 Barrique グラッパ 903 バリック	**Grappa 903 Riserva d'Autore** グラッパ 903 リゼルヴァ・ダウトーレ
Veneto ヴェネト Bonaventura Maschio ボナヴェントゥーラ・マスキオ 特別な銅の蒸留器で蒸留されたバランスの取れたグラッパ。デリケートでスパイス香や熟した果実の香り、柔らかく余韻の長い味わい。40%。 	Veneto ヴェネト Bonaventura Maschio ボナヴェントゥーラ・マスキオ 熟したチェリーやローストしたコーヒーの香りを含み、柔らかく豊かな味わいでが特徴。長期の熟成により成熟感がある。40%。
Grappa Cellini グラッパ・チェッリーニ	**Grappa Cellini Oro** グラッパ・チェッリーニ・オーロ
Veneto ヴェネト Bottega ボッテガ グレーラ、ピノ・ビアンコ、ピノ・グリージョ種の搾りかすを使用。白桃、リンゴ、白い花、セージ、スパイスの香りを含み、フルーティな味わいが特徴。38%。 	Veneto ヴェネト Bottega ボッテガ 品種別に丁寧に3度の蒸留し雑味を取り除いた2品種3ヴィンテージをブレンドし、スラヴォニア産オーク樽で12カ月熟成。琥珀色で複雑な香り、円やかな味わいが特徴。38%。 
Grappa Alexander グラッパ　アレキサンダー	**Grappa Amarone invecchiata** グラッパ・アマローネ
Veneto ヴェネト Bottega ボッテガ 世界110か国に輸出されるグラッパ。スプマンテ・プロセッコに使用されるグレーラ種を使用。果実や花を想わせる香りとソフトな口当たりが特徴。38%。 	Veneto ヴェネト Capovilla カポヴィッラ 保存料が極めて少ないアマローネのブドウの搾りかすから造られる、味わいの深いグラッパ。41%。 
Grappa Amarone invecchiata グラッパ・アマローネ・インヴェッキアータ	**1868 Grappa da Prosecco Riserva Fine Vecchia** 1868 グラッパ・ダ・プロセッコ・リゼルヴァ・フィーネ・ヴェッキア
Veneto ヴェネト Capovilla カポヴィッラ アマローネのブドウの搾りかすを使用し、湯煎式蒸留器で造られたグラッパ。長期に樽熟成されることにより琥珀色で、熟成感のあるグラッパ。46%。 	Veneto ヴェネト Carpene Malvolti カルペネ・マルヴォルティ プロセッコ用グレーラ種のブドウの搾りかすで造られる。黄金かかった琥珀色で、熟成果実のデリケートな香りを含み、柔らかくエレガントな味わいが特徴。38%。 

Grappa di Pinot Nero グラッパ・ディ・ピノ・ネロ	Grappa di Capo di Stato グラッパ・ディ・カポ・ディ・スタート
Veneto　ヴェネト	Veneto　ヴェネト
Carpene Malvolti　カルペネ・マルヴォルティ	Loredan Gasparini　ロレダン・ガスパリーニ
1868年に始まる長い歴史の中で生まれたグラッパ。プロセッコの地域のグレーラ種のブドウの搾りかすから造られる。38%。	ボルドーブレンドで有名な「カーポ・ディ・スタート」の搾りかすを蒸留。エレガントで繊細な味わい。余韻が長く濃厚。リコリスの余韻が特徴。50%。
Grappa Riserva 15 anni グラッパ・リゼルヴァ 15年	Sarpa サルパ
Veneto　ヴェネト	Veneto　ヴェネト
Nardini　ナルディーニ	Poli　ポーリ
伝統的な蒸気釜を用いて蒸留し、15年間樽熟。心地よく濃縮感のある香り、タバコを思わせる柔らかで濃厚な味わいと複雑味が特徴。50%。	カベルネ、メルロー種のブドウの搾りかす使用。昔ながらの銅製の非連続式蒸留。フレッシュハーブ、ミント、薔薇などの香りを含み、コクがあり、奥深い味わいが特徴。40%。
Amorosa di Settembre (Vespaiolo) アモローザ・ディ・セッテンブレ（ヴェスパイオーロ）	Elisir Camomilla エリジール・カモミッラ
Veneto　ヴェネト	Veneto　ヴェネト
Poli　ポーリ	Poli　ポーリ
ヴェスパイオーロ種のブドウの搾りかすを昔ながらの銅製非連続蒸留器で蒸留。リンゴ、はちみつ、イチジク、フジの花の香りを含み、繊細で上品な味わいが特徴。若いグラッパ。40%。	グラッパにカモミールの花を漬け込んだ甘口リキュール。カモミールなど夏の平原に咲く花の香りを含み、甘くデリケートな味わいが特徴。30%。
Grappa di Julia Invecchiata グラッパ・ディ・ジュリア・インヴェッキアータ	Grappa Monovitigno Moscato グラッパ・モノヴィティーニョ・モスカート
Friuli Venezia Giulia　フリウリ・ヴェネツィア・ジューリア	Friuli Venezia Giulia　フリウリ・ヴェネツィア・ジューリア
Julia　ジュリア	Nonino　ノニーノ
丁寧に蒸留され、オーク樽での熟成により香りと味わいの複雑味を増したグラッパ。40%。	新鮮なモスカート種の搾りかすを温度管理されたステンレスタンクで発酵、蒸留。その後ステンレスタンクで半年〜1年熟成。バラやタイム、バニラのニュアンスが感じられる柔らかく繊細な香りが特徴。
Grappa Monovitigno Chardonnay Barrique グラッパ・モノヴィティーニョ・シャルドネ・バリック	Grappa Riserva Otto Anni グラッパ・リゼルヴァ・オット・アンニ
Friuli Venezia Giulia　フリウリ・ヴェネツィア・ジューリア	Friuli Venezia Giulia　フリウリ・ヴェネツィア・ジューリア
Nonino　ノニーノ	Nonino　ノニーノ
厳選されたシャルドネの搾りかすを蒸留し、小樽で12ヶ月熟成させた。バニラ、ペストリー生地を思わせる芳醇な香りを含み、チョコレートやアーモンドの味わいが特徴。	単一畑のブドウの搾りかすを使用しブレンドした。小樽とシェリーに使用した樽で8年間熟成。プラム、甘い果物、レーズンやチョコレートの香りを含み、なめらかで濃厚な味わいが特徴。

La Grappa Tignanello ラ・グラッパ・ティニャネッロ	**Grappa di Brunello** グラッパ・ディ・ブルネッロ
Toscana　トスカーナ Antinori　アンティノリ ティニャネッロ（サンジョヴェーゼ 80、カベルネ 20）の搾りかすから造られる。ハーブ類やキノコの香りを含みエレガントな味わいが特徴。42％。 	Toscana　トスカーナ Banfi　バンフィ 100％ ブルネッロ（サンジョヴェーゼ・グロッソ）種の搾りかすから造られたしっかりした味わいのグラッパ。45％。 
Grappa di Casarferro グラッパ・ディ・カザルフェッロ	**Grappa Riserva Castello di Broglio** グラッパ・リゼルヴァ・カステッロ・ディ・ブローリオ
Toscana　トスカーナ Barone Ricasoli　バローネ・リカーゾリ メルロー種の搾りかすから造られる。クリスタルのような無色透明。ジャムやベリー系の香など複雑な香りを含み、バランスの良さが際立つ味わいが特徴。45％。 	Toscana　トスカーナ Barone Ricasoli　バローネ・リカーゾリ この会社のフラッグシップであるカステッロ・ディ・ブローリオ・キャンティ・クラッシコ（サンジョヴェーゼ／カベルネ・ソーヴィニヨン／メルロー）のブドウの搾りかすを使用。スラヴォニア産オーク樽で最低18ヶ月熟成。45％。
Grappa di Brunello グラッパ・ディ・ブルネッロ	**Grappa Riserva** グラッパ・リゼルヴァ
Toscana　トスカーナ Caparzo　カパルツォ ブルネッロのブドウの搾りかすを使用。洗練されており、余韻が長く、フルーティな香りが特徴。42％。 	Toscana　トスカーナ Caparzo　カパルツォ 黒ブドウ、白ブドウ数種類のブドウの搾りかすを使用。スパイスやドライフルーツの香りを含み、温かみがある辛口。43％。 
Castel Giocondo Grappa カステル・ジョコンド・グラッパ	**Grappa di Brunello** グラッパ・ディ・ブルネッロ
Toscana　トスカーナ Frescobaldi　フレスコバルディ ブルネッロ・ディ・モンタルチーノのブドウの搾りかすを使用。幅広いブーケがあり、調和がとれ、柔らかさのあるグラッパ。デリケートで余韻が長い。 	Toscana　トスカーナ Col d'Orcia　コル・ドルチャ ブルネッロのブドウの搾りかすを使用。ベルタ社で蒸留。果汁を充分に含んだブドウ搾りかすを 48 時間以内に銅製の蒸留釜で蒸留。バランスの良い味わいが特徴。42％。 
Grappa Ca'Marcanda Magari グラッパ・カマルカンダ・マガーリ	**Luce Grappa Luce della Vite** ルーチェ・グラッパ・ルーチェ・デッラ・ヴィーテ
Toscana　トスカーナ Gaja Ca'Marcanda　ガイヤ・カマルカンダ カマルカンダ（カベルネ・フラン、ソーヴィニヨン、プティ・ヴェルド）のブドウ搾りかすを使用。バルバレスコ蒸留所にて蒸留後、バリック樽にて 1 年熟成。円やかで心地よい味わいが特徴。45％。 	Toscana　トスカーナ Luce della Vite　ルーチェ・デッラ・ヴィーテ ルーチェ（メルロー、サンジョヴェーゼ）のブドウの搾りかすを使用。蒸留後フランス産バリックで 3 年熟成。シェリーやはちみつの香りを含み、凝縮感やスパイスのニュアンスが特徴。 

Grappa Riserva グラッパ・リゼルヴァ	Grappa Riserva Eligo del Ornellaia グラッパ・リゼルヴァ・エリーゴ・デル・オルネッライア
Toscana トスカーナ Mastrojanni マストロヤンニ 同社ブルネッロの新鮮なブドウの搾りかすを使用。湯煎式で蒸留し、36ヶ月木樽熟成させた。レモンの皮など柑橘系の香りを含み、ソフトでバランスの良い味わいが特徴。43% 	Toscana トスカーナ Ornellaia オルネッライア カベルネ・ソーヴィニヨン、メルロー、カベルネ・フラン、プティ・ヴェルド使用。オルネッライアの熟成に使用したフレンチオークの樽で3年間熟成。柔らかなアロマと滑らかな口当たりが特徴。 
Grappa di Sassicaia グラッパ・ディ・サッシカイア	**Grappa di Rubesco** グラッパ・ディ・ルベスコ
Toscana トスカーナ San Guido サン・グイド サッシカイア（カベルネ・ソーヴィニヨン、カベルネ・フラン）の搾りかすから造られる。蒸気式蒸留の後バリック樽で熟成。ナッツやフルーツの香りを含むエレガントさが特徴。40%。 	Umbria ウンブリア Lungarotti ルンガロッティ この会社を代表するワイン、ルベスコ（サンジョベーゼ、カナイオーロ）の搾りかすから造られる。新鮮な原料を蒸留するためソフトで円やかな味わいが特徴。43%。 
Grappa di Sagrantino グラッパ・ディ・サグランティーノ	**Grappa di Frascati** グラッパ・ディ・フラスカティ
Umbria ウンブリア Lungarotti ルンガロッティ サグランティーノ種のブドウの搾りかすを使用。18か月以上木樽にて熟成。凝縮された香りが特徴的でナッツやチョコレートのニュアンスがある。45% 	Lazio ラツィオ Italcoral イタルコーラル フラスカティの新鮮なブドウの搾りかすを使用。古典的な蒸留方法により、フルーティーで柔らかくバランスの取れた味わいが特徴。38%。 
Rialto Grappa Veneta リアルト・グラッパ・ヴェネタ	**Sessantanni Grappa di Primitivo** セッサンタアンニ・グラッパ・ディ・プリミティーヴォ
Lazio ラツィオ Italcoral イタルコーラル ヴェネト産白ワインのブドウの搾りかすを使用。ソフトな花の香りを含み、上品で心地よい味わいが特徴。40%。 	Puglia プーリア San Marzano サン・マルツァーノ セッサンタンニ（プリミティーヴォ）のブドウの搾りかすを使用。バリック樽で10〜12か月熟成。琥珀色を帯び、熟成果実、カカオ、バニラの香りを含み、まろやかで心地良い味わいが特徴。40%。 
Grappa Noa グラッパ・ノア	
Sicilia シチリア Cusumano クズマーノ 同社トップワイン、ノア（ネーロ・ダヴォラ／メルロー／カベルネソーヴィニヨン）のブドウの搾りかすを使用。ベルタ社で銅製単式蒸留。仏製バリック樽で10ヶ月間熟成。45% 	

協力

　バーリー浅草

　イタリアーノ　レストラン　スクニッツォ

　Marolo（マローロ）社

　Romano Levi（ロマーノ・レヴィ）社

　Montanaro（モンタナーロ）社

　Berta（ベルタ）社

　Marzadro（マルザードロ）社

　Pojer e Sandri（ポイヤ・エ・サンドリ）社

　Nardini（ナルディーニ）社

　Poli（ポーリ）社

　Bottega（ボッテガ）社

　Nonino（ノニーノ）社

　Bepi Tosolini（ベピ・トゾリーニ）社

参考文献

　『Come fare la Grappa』Demetra

　『Fare la Grappa』Demetra

　『La Grappa』Nardini Editore

　『La Grappa』Graziella d'Agata e Elio Chiodi

　『La Mia Grappa』

　『Grappa Alambicco d'Oro1995』

　『Grappa』Alex and Bibiana Behrendt

　『Grappa』Ove Boudin

　『Aoqueviti』Giorgio Mondadori & Associati

　『Grappa』Hoepli

GRAPPA BOOK　グラッパ ブック

発行日　2022年1月14日　初版発行

著　者　林 茂
発行人　髙山惠太郎
発行所　たる出版株式会社
　　　　〒541-0058　大阪市中央区南久宝寺町 4-5-11-301
　　　　☎06-6244-1336（代表）
　　　　〒104-0061　東京都中央区銀座 2-14-5 三光ビル
　　　　☎03-3545-1135（代表）
　　　　E-mail　contact@taru-pb.jp
定　価　2,300 円＋税

ISBN978-4-905277-32-3　￥2300E